土木工程科技创新与发展研究前沿丛书

国家自然科学基金（51768040、51508256、50978129）联合资助

黄土地区框架预应力锚杆支护边坡地震作用分析及工程应用

叶帅华　著

U0390571

中国建筑工业出版社

图书在版编目（CIP）数据

黄土地区框架预应力锚杆支护边坡地震作用分析及工程应用/叶帅华著.—北京：中国建筑工业出版社，2018.6
（土木工程科技创新与发展研究前沿丛书）
ISBN 978-7-112-22160-8

Ⅰ.①黄…　Ⅱ.①叶…　Ⅲ.①预应力结构-框架结构-锚杆支护-研究　Ⅳ.①TU378

中国版本图书馆 CIP 数据核字（2018）第 090406 号

　　本书以黄土地区广泛应用的框架预应力锚杆支护边坡为研究对象，重点阐述了框架预应力锚杆支护边坡体系的地震作用及其在加固边坡工程中的应用。主要从理论方面介绍了框架-预应力锚杆-土体的动力相互作用、框架预应力锚杆支护边坡的地震响应、地震作用下框架预应力锚杆支护边坡的稳定性，同时依托实际工程，介绍了框架预应力锚杆支护结构在单级边坡、多级边坡和原位加固边坡工程中的应用及地震响应。

　　本书理论和实际相结合，可供土木工程专业的教师、研究人员和工程技术人员使用，也可作为高等院校和科研院所相关专业的研究生教学参考书。

责任编辑：赵　莉　吉万旺
责任校对：王雪竹

土木工程科技创新与发展研究前沿丛书
黄土地区框架预应力锚杆支护边坡地震作用分析及工程应用
叶帅华　著

*

中国建筑工业出版社出版、发行（北京海淀三里河路9号）
各地新华书店、建筑书店经销
北京鸿文瀚海文化传媒有限公司制版
北京建筑工业印刷厂印刷

*

开本：787×960 毫米　1/16　印张：11¼　字数：226 千字
2018 年 7 月第一版　　2020 年 8 月第二次印刷
定价：**35.00** 元
ISBN 978-7-112-22160-8
（32049）

▪ 前 言 ▪

我国是世界上黄土分布最广、厚度最大的国家，而这些黄土主要分布于广大西北地区的黄土高原。黄土高原纵横沟壑，存在着大量的边坡，西部大开发促使大量的公路、铁路和城市基础设施要在黄土地区建设，因而会遇到大量的边坡工程。据历史记载，西北黄土地区的强震，每次都会引起严重的地震滑坡。框架预应力锚杆支护结构作为一种新型支挡结构，具有诸多优点，因此在加固黄土边坡工程中得到了广泛应用。但其在地震作用下的分析还十分缺乏，因此，适时地开展黄土地区框架预应力锚杆支护边坡的地震作用分析是十分必要的，本书主要针对这一问题进行了理论分析、数值模拟和工程应用分析。

本书共8章，主要内容包括：第1章对本书的研究背景、目的和意义以及国内外研究现状进行了阐述；第2章建立了框架-预应力锚杆-土体系统在地震作用下的动力计算模型，并分别求解了在简谐地震作用下锚杆预应力的地震响应和锚杆锚固段轴力的动力响应；第3章建立了框架预应力锚杆支护边坡的地震动分析模型，并得到了支护边坡在水平地震作用下的动力响应；第4章在考虑锚杆预应力对黄土边坡稳定性影响的情况下，建立了框架预应力锚杆支护边坡的地震稳定性数值分析模型，提出了框架预应力锚杆支护边坡在地震作用下的稳定性安全系数计算方法；第5章以西北黄土地区实际工程为背景，采用有限元软件ADINA对框架预应力锚杆支护边坡进行了地震动响应和参数分析；第6、7、8章以实际工程为依托，分别介绍了框架预应力锚杆支护结构在单级加固边坡工程、多级加固边坡工程和原位加固边坡工程中的应用，并进行了地震响应分析。

本书的出版得到了国家自然科学基金"地震作用下框架预应力锚杆加固边坡破坏机理及稳定性分析"（项目编号：51768040）、国家自然科学基金"基于可靠度的框架预应力锚杆加固边坡地震稳定性分析"（项目编号：51508256）、国家自然科学基金"永久性柔性边坡支挡结构的地震作用和动力稳定性分析"（项目编号：50978129）、国家科技支撑计划"白龙江流域滑坡泥石流工程防治技术研究与示范"（项目编号：2011BAK12B07）、甘肃省高等学校科研项目"考虑锚杆预应力的格构梁结构支护边坡动力响应及参数分析"（项目编号：2013B-018）、甘肃省建设科技攻关计划项目"黄土高填方边坡稳定性分析及健康监测研究"（项目编号：JK2015-5）和兰州市科技发展计划项目"地震扰动区深挖路堑边坡稳定性分析及稳定性控制措施研究"（项目编号：2015-3-131）的支持，本书主要内容也是在这些基金项目的基础上进行撰写的。

感谢兰州理工大学结构工程研究所朱彦鹏教授、周勇教授、陈长流高工等一直以来的支持和帮助。感谢博士后学习单位浙江大学滨海和城市岩土工程研究中心合作导师龚晓南院士及其团队的支持和帮助。在本书撰写过程中，兰州理工大学结构工程研究所的李京榜、马孝瑞博士生，房光文、时轶磊、丁盛环、叶炜钠、陶钧、赵壮福、樊黎明、黄安平、张玉巧、李德鹏等硕士生为本书提供了许多帮助，在此表示衷心的感谢！

由于编著时间仓促，加之作者水平所限，书中难免有疏漏和不妥之处，敬请读者批评指正。

叶帅华

2018 年 4 月

▪ 目　　录 ▪

第 1 章

绪 论

1.1 黄土的概述

1.1.1 黄土的分布

黄土是一种多孔隙、弱胶结的第四纪沉积物，其颜色为灰黄、棕黄甚至棕红色，颗粒成分以粉粒为主，质地均匀，无层理，垂直节理发育[1]。黄土在世界上分布相当广泛，面积约为 $13×10^6 km^2$，约占地球陆地总面积的 9.8%，呈东西向带状断续地分布在南北半球中纬度的森林草原、草原和荒漠草原地带。在北美和欧洲，其北界大致与更新世大陆冰川的南界相连，分布在美国、加拿大、德国、法国、比利时、荷兰、中欧和东欧各国、白俄罗斯和乌克兰等地；在亚洲和南美则与沙漠和戈壁相邻，主要分布在中国、伊朗、中亚地区、阿根廷；在北非和南半球的新西兰、澳大利亚，黄土呈零星分布。

我国是世界上黄土分布最广、厚度最大的国家，其范围北起阴山山麓，东北至松辽平原和大、小兴安岭山前，西北至天山、昆仑山山麓，南达长江中、下游流域，面积约 $63×10^4 km^2$。从地理位置来看，中国的黄土主要分布在北纬 40°以南的地区，位于大陆的内部、西北戈壁荒漠以及半荒漠地区的外缘。从区域来看，中国的黄土主要分布于广大西北地区的黄土高原以及华北平原和东北的南部。其中以黄土高原地区最为集中（发育了世界上最典型的黄土地貌），占中国黄土面积的 72.4%，一般厚 50~200m，其中陕北和陇东的局部地区达 150m，在陇西地区可超过 200m，兰州九州台黄土堆积厚度达到 336m。具体地说，黄土主要分布于甘肃的中部和东部，陕西的中部和北部，内蒙古鄂尔多斯市的南部和西部，山西的大部分，河南的北部、西部及西北部，山东西部以及辽宁山地一带。华北平原的黄土则多被埋藏在较深的冲积层的下部。我国西北的黄土高原是世界上规模最大的黄土高原，华北的黄土平原是世界上规模最大的黄土平原。

1.1.2 地震诱发黄土边坡滑坡数量众多、危害巨大

黄土微结构具有的独特动力性质，使其表现出很高的地震易损性[2-6]。在我国西部黄土地区，历次强震都曾引起过严重的地震滑坡，人口伤亡达百万人以

上[1]。由于成因的不同，历史条件、地理条件的改变以及区域性自然气候条件的影响，黄土的外部特征、结构特征、物质成分以及物理、力学等特性均不相同。因此，黄土具有明显的区域分布特性。特别是陇西地区，黄土多属粒状架空孔隙结构，具有这种微结构的黄土，由于土质疏松、强度较低，是最容易失稳的。这种黄土对水的作用具有高度的敏感性，均为自重湿陷性和强烈湿陷性黄土，在地震时容易产生破裂、滑移和地震沉陷等灾害。历史上多次地震曾因发生在黄土场地上而造成特别严重的震害，震害严重是与黄土的特殊结构性和动力特性有密切关系的。从大量的历史地震记录来看，黄土地区最主要的场地地震灾害是滑坡与崩塌、黄土的震陷变形与液化及黄土地区的地裂缝等，尤其以滑坡最为常见且危害最大。地震对滑坡的诱发作用，在黄土地区比其他任何地区都更为明显，地震引起的崩塌与滑坡给人类带来了巨大的危害，不少学者从不同的角度研究了地震黄土滑坡[7-13]。表1-1列出了我国黄土地区典型地震灾害，震害表明，黄土场地严重的地震滑坡、显著的地震动放大效应等是黄土地区主要的岩土地震灾害，造成了严重的人员伤亡和财产损失。

我国黄土地区典型地震灾害 表 1-1

时 间	震 中	震级 M_S	震中烈度	主要岩土地震灾害	死亡人数
1303 年	山西洪洞	8.0	XI	滑坡、崩塌、地震动放大	20 多万
1556 年	陕西华县	8.0	XI	震陷、地震动放大	83 万
1920 年	宁夏海原	8.5	XII	滑坡、液化、震陷、地震动放大	32 万
1927 年	甘肃古浪	8.0	XI	滑坡、崩塌、地震动放大	10 万
1970 年	宁夏西吉	5.5	VII	滑坡、地震动放大	107
1995 年	甘肃永登	5.8	VIII	滑坡、震陷、地震动放大	12

我国是一个多地震的国家，而我国的西部地区也是世界上板内构造活动最为活跃的地区之一：印度板块与欧亚板块的"强烈"碰撞与青藏高原的持续隆升，地壳内动力自西向东传递，波及范围远及中东部，并在西部地区表现得特别活跃，高地应力、强活动性构造及其伴随的强震过程构成这一地区内动力条件的突出特点。由于西部地区其地壳内、外动力条件的强烈交织与转化，促使高陡边坡发生强烈的动力过程，从而促进了大型灾难性滑坡的发生[14]。

由于我国西部地区黄土分布广泛，因此黄土边坡是我国西部大开发基础建设工程中常见的岩土构筑物形式，它是指具有倾斜坡面的岩土体。由于边坡表面倾斜，在自身重量或其他外力作用下，整个岩土体具有从高处向低处滑动的趋势，如果土体内部某一个面上的滑动力超过土体抵抗滑动的能力，就会发生滑坡。滑坡是一种常见的地质灾害，给人类的生命财产带来重大威胁，可导致交通中断、河道堵塞、厂矿城镇被掩埋、工程建设受阻。诱发滑坡的因素是多种多样的，降雨、地震、雪山融化以及开挖、填筑等人类工程活动等因素都可能诱发滑坡,而由地震诱发的滑坡无论是从规模、影响范围还是造成的损失都是降雨、开挖等其他因素诱发的滑坡不可比拟的[15-17]。每年因地震而导致的滑坡灾害非常严重,特别是在山区和丘陵地带,地震诱发的边坡滑动和坍塌往往分布广、数量多、危害大。图1-1~图1-4为我国最近几年发生的山体滑坡。

图1-1　2008年吕梁山体滑坡

图1-2　2008年汶川地震山体滑坡

图1-3　2009年兰州山体滑坡

图1-4　2011年西安山体滑坡

1.2　研究背景、目的和意义

我国西北地区沟壑纵横,大多为湿陷性黄土地区,在这些地区修建城市、修筑公路和铁路时都会遇到边坡的开挖和回填问题,为防止滑坡和泥石流的发生需要用到各种类型的支护结构加以支挡,这样才能保证建筑、高速公路和铁路的使用安全,才能保证人民的生命和财产安全。一般支挡结构占山区城市建筑、高速公路、铁路投资的比重很大,但由于目前我国对永久性边坡支挡结构研究不够深入,所选用支挡结构形式单一陈旧,在工程上会造成较大的浪费而且使用不安全,经常造成边坡坍塌和滑移,给建筑、高速公路和铁路的安全和正常使用带来了极大的安全隐患，如图1-5所示。而安全可靠、造价较低的柔性支挡结构在我国边坡支挡结构的设计和施工当中还使用较少，这主要与我国对永久性柔性支挡结构的分析、地震作用分析和设计方面研究较少有关。近几年随着国家西部大开发的加速发展，西北地区要建设大量的基础设施，与此同时甘肃要建设大量的房屋、高速公路和铁路工程，同时甘肃处在黄土山区，而柔性支挡结构特别适用于黄土，但由于对黄土柔性支挡结构的研究不够，使这种造价较低、安全性好的支护结构没有得到推广应用。随着甘肃境内国道主干线的高等级公路和铁路的修建及城市的建设的不断加快，需要研究在这些地区修筑公路、铁路和房屋的安全、高效、节约的方法，因此，深入开展黄土地区永久性边坡柔性支挡结构的分析和选型设计研究，对保证公路、铁路和建筑物的使用安全，减少滑坡对公路、铁路和建筑物的危害有重大的现实意义。

(a) 公路滑坡   (b) 铁路滑坡

图1-5　传统挡墙支护黄土边坡滑塌图片

支护结构中轻型柔性支挡结构形式在高边坡中由于施工简便、结构稳定且经济有效，因此在土木工程各个领域得到了广泛的应用，如边坡加固、斜坡稳定、滑坡防治、深基坑工程、桥头支护和隧道口支护等，而这些支挡结构的设计必须按照永久性边坡支护进行设计，必须考虑地震等偶然作用，还要考虑耐久性等问题。

要将柔性支护结构应用到永久性边坡当中，还需进行大量的研究工作。近几年柔性支挡结构在国内得到了快速的发展，如图1-6所示，而针对黄土的特定支挡结构的合理结构形式及其相应的土压力分布、黄土局部湿陷损伤时的计算模型和计算方法的研究、地震区永久性柔性支挡结构的地震作用分析与抗震设计方法，目前国内外还无人系统地做过这方面的研究工作，这就给边坡支挡结构分析和设计带来了很大的不确定性。

合理分析湿陷性黄土地区柔性支护结构，只有针对黄土地区支挡结构，如框架锚杆、土钉墙、土钉墙加锚杆、抗滑桩加锚杆等，建立土体、土钉和锚杆及支挡结构协同工作的分析计算模型，采用非线性本构关系，分析土体、土钉和锚杆

(a) 某大学支护边坡1　　　　　　　　　　(b) 某大学支护边坡2

(c) 某住宅小区支护边坡　　　　　　　　(d) 某加油站支护边坡

图 1-6　框架预应力锚杆支护边坡

及支挡结构的内力，并考虑黄土湿陷损伤机理，建立黄土局部湿陷损伤时支挡结构计算模型，对支挡结构在损伤机理下进行非线性内力分析以及地震区永久性柔性支挡结构的地震作用分析，这样才能使黄土地区支挡结构分析、设计更加合理。

　　随着新型边坡加固措施和计算机技术的飞跃发展，尤其以岩土锚固技术为核心的柔性支挡结构在边坡工程中的推广应用，边坡动力分析这一课题获得了新的进展，许多柔性支护结构、新的计算理论和方法不断产生，从而使得边坡支护这一传统技术出现了新问题，这一古老问题又有了新的研究方向。传统的边坡动力分析主要针对岩土工程问题展开，采用的分析方法属岩土力学范畴，而对于柔性支护结构加固下的边坡动力分析，由于岩土锚固技术的应用大大加强了支护结构与岩土的协同工作能力，使得边坡受力体系变得更为复杂，此时的边坡动力分析就不再是单一的岩土问题，而是岩土与结构相互交叉产生的新问题，传统的边坡动力分析方法已经不能再适用于柔性支护结构加固下的边坡动力分析。

　　对于纯土质边坡的动力计算方法，目前的研究已经比较成熟；而对于柔性支护结构加固下边坡动力分析方法及支护结构抗震设计，目前的研究还相对非常缺乏。在实际边坡工程的动力计算中，人们还是主要沿用传统土质边坡的动力计算方法，对于由柔性支护结构加固下边坡的动力计算，一般不考虑支护结构对坡体加固的影响，或者简化了支护结构对边坡的作用。传统刚性支护结构（主要指重力式）作用下的边坡动力分析及支护抗震设计方法已经无法胜任这种柔性边坡支护结构，然而，对于以岩土锚固技术为核心的柔性支护结构加固下的边坡动力分析及支护结构抗震设计，如土钉墙、框架锚杆柔性支挡结构等，支护结构对边坡受力状态影响较大，当忽略支挡结构对坡体的影响时，计算结果往往会出现很大偏差，而且支护结构的抗震设计无法计算。

在这些柔性支挡结构中，框架预应力锚杆支挡结构作为一种新型支挡结构，在国家西部大开发过程中发挥了巨大的作用，因此本书的研究目的主要在于对框架预应力锚杆支护边坡地震动力计算理论及方法进行研究，并提出新的抗震设计思路及计算方法，使得地震作用下框架锚杆支护边坡设计更加简化。在国内外研究领域，针对地震作用下框架预应力锚杆支护边坡动力分析方法的研究相对缺乏。本书的研究成果，将为框架预应力锚杆支护结构在土体边坡支护中的应用提供更加合理、完善的设计依据和计算方法，可减少由设计不当造成的重大损失；对于促进这种新型支护结构在更多地区和领域的推广应用，保证公路、铁路和建筑物的使用安全，具有重要的现实和经济意义。

1.3 国内外研究现状

对边坡的动力分析与研究包括岩质边坡动力分析、土质边坡动力分析以及坝坡的动力分析等。一百多年来，边坡的动力问题分析与研究在土木工程领域一直都很受重视，对边坡动力问题的分析与研究从来都没有间断过，大量的研究人员都在从事这方面的相关研究课题。经过研究者的不断分析与发展，这一研究领域的内容也是非常的丰富。

现阶段，在边坡的动力问题分析与研究中，采用最多的还是拟静力法和有限元数值法（Finite Element Method，FEM），然而这两种方法在实际工程应用中各有优缺点。在边坡动力问题的分析与研究中，有限元数值法（FEM）在解决动力方面的理论计算中，能够考虑各种因素条件，实现较准确地分析，但也正因为这样，这种方法极其复杂和难于求解，所以很难在设计人员中进行推广。而拟静力法则相反，其计算简单，容易求解，容易被接受，但是在计算和理论分析上过于粗糙，与岩土体的实际状态相差较大。目前，拟静力法应用于一些国家规范中[18][19]，以及在大量的实际工程中被采纳为主要计算方法。而对于经过结构支护的柔性边坡的动力研究和分析目前还比较欠缺。

1.3.1 传统边坡动力研究现状

Mononobe 等[20] 最早认为边坡是一个变形体，从变形体这一角度研究了土质边坡的动力反应，并首次将一维剪切楔法引入到边坡模型，成为了应用该方法对边坡进行地震动反应分析的第一人。但是直到 20 多年后，由于 Hatanaka[21][22] 和 Ambraseys[23][24] 的工作，该模型才被人们重新认识，并进而得到工程界的认可。后来，对一维剪切楔法的研究，国内外大量的学者对其进行了改进，剪切楔法也因此被逐渐地推广到二维、三维边坡的地震动研究中。

20 世纪 60～70 年代，剪切楔模型被用到振动台足尺（full scale）试验，来指导设计"地震系数"[25]，并且首次十分成功地用 Bouquet 坝的足尺振动试验来验证了剪切楔模型[26]。

在地震动反应分析方法有了实质性发展之后，20 世纪 60～70 年代，越来越多学者和研究人员开始关注以什么样的标准来分析和评价强震期间边坡的稳定性和安全性。拟静力法由于本身的缺陷而在这个问题上无法实现[25]。为了能够使这一问题得以解决，Newmark[27] 提出了有限滑动位移法，这一方法是以坡体的潜在变形为标准来评价边坡的动力稳定性的。Newmark 注意到：①不管何时，一旦作用于有滑动趋势的滑体上的惯性力大于滑体的屈服阻力，滑动就会发生；②当惯性力的方向发生改变时，滑动就会停止甚至向回滑动。之后，这一著名方法被广泛应用，并且被多次改进[28-33]。

由于 Newmark 法仍存在不少缺陷[25]，为了能够估算此类边坡的地震稳定性，Seed[31][34] 与其研究团队提出了一种新的方法，其步骤包括：①根据 FEM 分析边坡的初始静态应力分布；②确定土参数；③确定土体的动力性质，计算土体的动应力；④依据试验来估算孔隙水压力的生成及其导致的力学强度降低和潜在应变发展；⑤利用边坡分析和半经验方法把潜在的应变变成一系列的相容变形；⑥根据边坡中相容变形的大小及分布来确定边坡的稳定性。由于实现了对美国若干重大工程的合理解释，该方法得到了美国土坝安全机构以及国际大坝委员会的承认。后来的研究者们对其潜在缺陷和应用进行了一些讨论[35-38]。

进入 20 世纪 80 年代，大量的文献集中在改进、拓展和验证 60 年代发展起来的土坝地震反应预测上，进而产生了几种改进分析模式。Seed 方法被重新应用，并且试图结合新的试验手段来发展一种新的方法来解决这一课题。20 世纪 80 年代末期，Gazetas[25][26] 对有关边坡地震反应分析的英文文献进行了综述，并提出了 Nonlinear-inelastic 分析方法。

在研究过程中，人们渐渐注意到许多不确定性因素，如与地震和地质场地因素相关的不确定因素以及分析方法等。为了能够把这些不确定性因素考虑进去，概率方法就随即被引入。Yegian[39-41] 较早地将概率方法引入到边坡的动力分析，并用这种方法评价了边坡的地震危险性，估算了地震作用下边坡的永久位移。Halatchev[42] 基于 Sarma 解，并考虑了水平地震和竖向地震的影响，用概率方法分析了堤坝和边坡的稳定性。该模型中，土体采用 Monte-Carlo 模拟，由地震系数来确定破坏概率,将地震系数看成随机量。Al-Homoud 等[43] 提出了土体边坡和堤坝在地震动作用下的三维稳定性概率分析模型,模型中考虑了剪切强度由于所测环境的不同而引起的不确定性以及土体参数之间的关系,进而建立了地震动位移概率模型与三维边坡地震动稳定性分析的概率模型(基于安全系数),最后还编写了 PTDDSSA 程序。通过把这些模型应用到受不同程度破坏的边坡中,发现震源距离和震级对位移、破坏概率以及安全系数影响很大。

我国边坡的研究工作大致开始于 20 世纪 60 年代,并取得一系列成果[44-65]。徐志英[46] 提出了三角形河谷内土坝边坡三维动力分析的剪切楔法。黄茂松[61] 发展了自适应的 FEM,并用该法对美国 Lower San Fernando 土坝边坡进行了分析。黄建梁等[62] 基于 Sarma 法,进行了地震稳定性的动态理论分析,同时考虑水平和竖向地震动的作用,推导了边坡坡体的临界加速度,采用条分法,建立了估算坡体失稳的三量(加速度、速度和位移)时程,但是他没有考虑地震过程中孔压和各条块应力之间的耦合关系,因而并没有解决孔压动态响应的问题。王家鼎[63][65] 探讨了黄土边坡在地震动作用下的稳定性和变形问题,提出了地震诱发高速黄土斜坡的机理,推导了黄土斜体斜抛运动的全过程及滑速、滑距公式。薄景山[64] 建立了土质边坡地震动反应和稳定性的数值模型。孔宪京[44] 利用剪切楔法研究和分析了土石坝、地基和混凝土面板堆石坝的地震反应。

近年来,城市废弃物形成的边坡对环境的影响越来越受到重视,由此而产生的边坡动力问题成为一个新的研究内容。城市固体废弃物形成的边坡,由于其独有的特点而不同于前面提及的边坡。就地震稳定性而言,该类边坡最显著的特点在于一方面尺度大,另一方面坡体内部有大量的软弱物质和织物体系。例如,位于美国南加利福尼亚州 Eagle 山脉的垃圾场,堆积而成的边坡高度约 350m,体积约 $5.1 \times 10^8 m^3$。显而易见,由大量相对软弱物质构成的如此大的边坡,其自振周期要远远大于一般的自然边坡和人工边坡[33]。

从地震稳定性评价方面来讲,最重要的参数包括垃圾以及织物的力学强度、垃圾的刚度和阻尼特性。Singh 等[66] 利用 Mohr-Coulomb 理论来研究垃圾的属性,当 $\varphi = 0°$ 时,τ 介于 35kPa~100kPa,反之 $\tau = 0$ 时,φ 介于 26°~39°。Kavazanjian 等[67] 认为当正应力 $\sigma < 30kPa$ 时,$\varphi = 0°$,$\tau = 24kPa$;而在 σ 很高的情况下,取 $\tau = 0$,$\varphi = 33°$。由于不同场地条件下垃圾组成的复杂性,以及垃圾织物体系的几何形态和力学强度变化的影响,要想精确了解垃圾的属性是不可能的[33]。

1988 年 California Kettleman 山脉垃圾填埋场事故之后,一些学者和研究人员用大型直剪试验[68-72]、大型扭剪试验[73][74] 以及大型抗拔试验来研究织物的强度。对 Southern California 某垃圾填埋场的地震反射试验表明:垃圾的平均剪切波速为 244m/s。20 世纪 50 年代用跨孔法和单孔法测试得到的剪切波速为

200m/s[75]、274m/s、91m/s[66]。利用表面波频谱分析（Spectral Analysis of Surface Wave，SASW）法测量结果表明：剪切波速在表面大约为 90m/s；而在深度为 20m 处的不太紧密的垃圾新近填埋场，剪切波速约为 160m/s，而早期填埋密实的垃圾，剪切波速可以达到新近填埋垃圾的 2 倍[76]。

Bray 等[77] 最早对固体废弃物地震稳定性进行了研究，1994 年他们采用波传播理论和拟静力法对具有软弱层的垃圾场进行了分析，提出了垃圾场地的地震稳定性评价步骤[78-80]。Kramer 等[33] 对 Newmark 有限滑动位移法[27] 进行了改进，用来分析废弃物边坡的动力反应。Anderson[81] 和 Kavazanjian[67] 对垃圾边坡的动力反应进行了概括总结。Repetto 等[82] 和 Del Nero 等[83] 调查了废弃物对填埋场地地震动反应的影响。Idriss 等[84] 用有限单元法对填埋场地的地震变形进行了研究。Ling 等[85] 则对土工织物界面的动力反应进行了研究。

我国学者王思敬与其团队比较早地开展了岩体边坡的动力问题研究，并取得了一系列成果[86-92]。Chowdhury 在《Slope Analysis》一书中提及了边坡动力稳定性和变形问题。Crawford 等[93] 研究了剪切位移、速率对节理面摩擦阻力的影响。

1987 年，王存玉等[91][92] 对二滩拱坝进行了动力模型试验研究，结果发现：岩石边坡对地震加速度不仅存在铅直向的放大作用，而且还存在水平向的放大作用。清华大学团队对二滩工程和龙羊峡岩石坝肩动力特性及地震反应加速度进行研究，并对库岸边坡进行了有限元动力计算和模型试验[94]。1991 年，长江科学院采用有限元法研究了三峡船闸高边坡的地震稳定性[95]。祁生文等[96][97] 利用 FLAC 3D，通过大量数值模拟，绘制了边坡动力反应的位移、速度、加速度三量在边坡剖面上分布的一般规律，发现了两种不同的边坡动力反应规律。

近几年来，计算机技术得到了迅速发展，数值模拟技术在动力计算与分析中也得到了成功的应用。最常用的有：有限单元法、有限差分法、离散单元法、拉格朗日元法、非连续变形分析方法、流形元法、边界元法、无界元法以及几种半解析元法[58]。

有限单元法首次被引入坝坡的地震反应分析的是 Clough[98] 与 Chopra[99]。随后，Ishizaki 和 Hatekeyama[100] 和 Medvedev 和 Sinitsym[101] 较早地关注到一无限长的坝坡在垂直入射的 S 波作用下的动力反应。20 世纪 70 年代以来，土体的动力反应分析中已经开始广泛应用有限单元法，其中代表性的有美国加州大学伯克利分校地震工程研究中心的 QUAD-4、LUSH、FLISH 和 TLUSH，加拿大不列颠哥伦比亚大学的 TARA，英国威尔士大学斯旺西分校的 DIANA 和 SWANDYNE[102-104] 以及美国普林斯顿大学的 DYNAFLOW[105][106] 等。

在利用有限元对土体进行动力分析时，其思路和静力计算一样，但是因为荷载是和时间有关系的，位移、应变和应力都是与时间有关的函数，因而在划分单元的时候，除了需要考虑静力作用外，动荷载、阻尼力和惯性力也是必须要考虑进去的。这样就可以建立单元的动力运动方程，最后求解。

在发展初期，有限单元法土的应力应变关系是用黏弹性模型来表示的，而运动方程则用振型叠加法求解[98]。许多学者后来逐渐在本构模型、计算方法方面，不断进行了改进，先后引入了 Nonlinear viscoelastic 模型、Elastic-plastic 模型、Boundary Surface 模型、Structural 模型以及相应的 Complex Response 分析方法、Step-by-Step Integration Method 等多种计算方法。目前动力有限单元法引入了反映土体弹塑性、滞回性质的动力本构关系，基于"真非线性"的应力-应变关系。经常用的方法是在空间上，将土体离散成等参单元，借此来对计算区域进行离散，并采用差分格式在时域上对其进行离散。因为逐步积分方法适应这种发展趋向，因此也必然会得到更大的应用和发展。

目前有限单元法已经成为土体动力分析中最重要的分析方法。因为它不但可以应用总应力法，而且还是有效应力法的基础，同时还考虑复杂地形、土的非线性、非均质性、弹塑性及途中孔隙水等因素的影响，土的自振特性及土体各部分的动力反应也能够用这种方法进行深入的分析。

自 20 世纪 40 年代至今，差分法仍被广泛应用[58]。其基本思想是：①用差分网格离散求解域；②用差分公式，将常微分方程或偏微分方程转化为差分方程；③结合初始和边界条件，求解线性方程组。由于该法比较直观，且容易编制程序，因而应用广泛。

最早引入到边坡动力反应研究的数值方法是有限差分法。不过在后来由于有限元法的出现，有限差分法趋于停滞。然而在最近几年，差分法中出现了任意形状网格的差分这种新的方法。另外，在某些特定的条件下，将两种方法联合起来共同解决一个问题，则会有更好的效果。

离散单元法（Discrete Element Method，DEM）是 Cundall[107] 提出的，于 20 世纪 80 年代引入我国[108]。这种方法特别适用于对节理岩体的应力分析，在采矿隧道、边坡及基础工程方面均有重要应用。

拉格朗日元法是一种分析非线性大变形的数值方法，这种方法遵循连续介质的假设，利用差分格式，按时步积分求解，随着构形的变化不断更新坐标，允许介质有大的变形。拉格朗日法近年来在国际岩土界非常流行[58]。

其他的数值分析方法还有：非连续变形方法（Discontinuous Deformation Analysis，DDA）[109]、流行元法[110]、边界元法以及它们之间的耦合方法[111]。

1.3.2 黄土地区柔性支护边坡动力研究现状

柔性支护边坡是指采用一种新型的支护结构进行支护的边坡，这种新型支护结构由于允许结构能够有一定的变形，从而可以和被支护的边坡协同工作，起到很好的支护效果，因此该种结构被称为柔性支护结构，由柔性支护结构支护的边坡被称为柔性支护边坡。我们通常指的柔性支护结构包括土钉墙、复合土钉墙（土钉加预应力锚杆）、框架预应力锚杆挡墙等，这种支护结构主要应用在公路、铁路、建筑边坡以及深基坑工程中。随着我国基础建设的开展，这种支护结构在我国的土木及水利工程建设中得到了越来越多的应用。

我国对这些柔性支护结构的应用和研究起步较晚，呈现出理论研究远远落后于工程实践的情况。目前国内外对柔性支护结构在静力方面的研究比较多，而对于这种支护结构在动力方面尤其是地震作用方面的研究还很欠缺。尤其是对框架预应力锚杆支护结构的地震作用研究几乎没有。而对土钉墙和复合土钉墙（土钉加预应力锚杆）在理论模型和数值分析方面的研究最近几年有了一定的发展。

Hannas 等研究了地震地区土钉支护结构的设计问题[112]。Sandri 等[113] 研究了土钉墙地震稳定性及破坏机理。Cotton[114] 等人对美国在建的土钉支护结构地震响应进行了评估。Vucetic 等[115] 给出了一系列土钉支护离心模型试验，通过施加不同量级的水平振动研究模型的抗震能力。台湾大学对土钉加劲的动力作用机理做了研究，包括模型试验、现场观察以及数值分析等[116][117]。

马天忠等[118] 采用有限元软件 ADINA 对复合土钉（土钉加预应力锚杆）支护边坡进行了地震响应分析。研究表明复合土钉（土钉加预应力锚杆）边坡支护结构比土钉墙边坡支护结构有更好的抗震性能；普通土钉支护最大水平位移发生在边坡顶部，而复合土钉（土钉加预应力锚杆）支护发生在边坡的中上部，尤其是在施加了预应力之后，边坡在地震作用下位移有了明显的减小。

张森等[119] 对基坑工程中复合土钉墙的土钉和锚杆的轴力，进行了静力和动力两种工况下的模拟，得到了以下结论：①无论是静力作用还是动载荷作用，土钉与锚杆的轴力沿全长基本呈枣核形，即两端小、中间大，其最大点连线近似于边坡的潜在滑移面；②在地震作用下各轴力基本呈增大趋势；③两种工况下沿锚杆长度轴力的分布形式差别甚大，最大轴力值都在自由段，且地震作用对锚杆锚固段影响较大，其锚固段轴力最大变化达 81.4%，自由段变化仅 2.8%。预应力锚杆作用较明显，在地震作用工况下自由段最大轴力是土钉最大轴力的近 10 倍。

董建华，朱彦鹏等[120-127] 对土钉支护边坡在地震作用下的动力分析与抗震设计方法开展了研究工作，内容包括：建立了土钉土体系统动力模型，建立了土钉支护边坡的动力模型，并求解了地震响应；对地震作用下土钉支护边坡的稳定性分析方法和永久位移计算方法进行了研究；利用 ADINA 对土钉支护边坡的动力性能和动力参数进行了分析。

杨文峰[128] 总结了边坡动力稳定性研究的发展，介绍了 FLAC 3D 对土钉支护结构进行地震稳定性分析的一般过程。通过分析，发现在地震作用下，最中间一排的土钉轴力整体较大，而大部分土钉沿钉长从外向里其轴力整体呈先增大后减小的趋势，这与振动台试验实测数据显示的结果一致。在地震作用下，边坡位移随着土的 3 个参数—弹性模量、黏聚力、摩擦角的增大，呈现减小的趋势。

王辉[129] 针对柔性挡土坝的结构特性，采用离散元程序 UDEC 对向家坝水电站 2 期纵向围堰挡土坝进行了数值模拟，得到了坝体在挡土前后的应力位移规律，通过对关键点部位的应力及位移变化情况的记录，更清楚地了解坝体的变形情况和受力特点。计算结果表明使用离散元分析这种柔性挡土结构是可行的，可以比较准确地抓住这种挡土形式的柔性特点，并能较好地模拟挡土坝发生的较大的法向变形和切向滑移，能够对构筑物的稳定性做出合理判断，对于施工应采取的措施提出了有益的参考。

最近几年，对柔性支护边坡也开展了室内缩尺模型振动台试验，但是对柔性支护边坡的地震作用研究还处于初期阶段，尤其是对黄土地区框架预应力锚杆支护边坡在地震方面的研究还很欠缺。

1.4 本书主要内容

框架预应力锚杆柔性支护技术作为一种新型的挡土技术，已得到越来越多的应用，而国内外研究现状表明：对此种新型支挡结构的研究还存在理论落后于实践的问题，尤其对这一结构形式和支护体系在地震作用下的动力响应和稳定性方面的研究还很欠缺，缺乏必要的设计分析方法。根据目前黄土地区边坡动力分析的研究现状，本书主要研究工作如下：

（1）框架-预应力锚杆-土体地震动相互作用分析模型及地震响应

建立框架-预应力锚杆-土体系统在地震作用下的动力计算模型，这种模型将框架与锚杆自由段之间的作用和锚杆锚固段与土体之间的作用均处理成一个线性弹簧和一个与速度有关的阻尼器，将锚杆自由段处理成一弹簧，锚杆预应力通过自由段的弹性变形传递至锚杆锚固段，然后再通过锚杆锚固段传递至土层。框架（横梁、立柱和挡土板）质量和主动区土体质量以集中质量的形式连接在锚杆自由段，并通过自由段弹簧与锚固段阻尼器进行连接。由此分别建立框架-锚杆系统和锚杆-土体系统地震作用下的阻尼微分方程，并分别求解在简谐地震作用下锚杆预应力的地震响应和锚固段锚杆的动力响应。最后，结合一工程实例进行了分析，并用 ADINA 对此计算模型进行了验证。

（2）框架预应力锚杆支护边坡的地震动模型及地震响应

基于土动力学和结构动力学的原理，建立了框架预应力锚杆支护边坡的地震动分析模型，并得到了边坡在水平地震作用下的动力响应。依据水平条分法，将边坡高度的影响因素考虑进去，建立了地震作用下边坡土压力的动力分析模型。

在建立支护结构的地震动分析模型时，将锚杆预应力这一影响因素考虑在内，根据集中质量法，以框架柱为计算单元，形成集中质量串，锚杆以弹簧支座形式与土体连接，预应力通过给定的初始设计值施加于锚杆上，据此，建立结构动力控制平衡方程。最后，通过把动土压力、预应力及地震作用施加于框架结构之上，求解出预应力锚杆的轴力响应值，这一模型能够将地震作用中支护边坡体系的土压力分布特性、支护结构的位移反应和预应力锚杆的轴力反应特性近似地表达出来，因而可以为框架预应力锚杆支护边坡的抗震设计提供一定的依据。文中最后结合一工程实例验证了本书方法的适用性，这种计算方法给框架预应力锚杆支护结构的地震分析及抗震设计提供了一种新的途径。

（3）框架预应力锚杆支护边坡地震动稳定性及变形分析的分析方法

在考虑锚杆预应力对黄土边坡稳定性影响的情况下，根据土体边坡滑移面的破坏模式，建立框架预应力锚杆支护边坡的地震稳定性数值分析模型。利用集中质量显式有限元法，将土体离散为土体静动力微元和土体预应力微元，并建立相应的离散元动力平衡方程，分析支护边坡在地震作用下的位移反应和滑移面上的应力场。并基于位移反应和土体应力场，提出框架预应力锚杆支护边坡在地震作用下的稳定性安全系数的计算方法。最后结合一工程实例验证了本书方法，这种稳定性计算方法给框架预应力锚杆支护边坡的地震动稳定性分析提供了一种新的途径。

（4）地震作用下框架预应力锚杆支护边坡动力响应及参数分析

以西北黄土地区实际工程为背景，借助数值分析软件 ADINA，计算了地震作用下框架预应力锚杆支护边坡的位移响应以及锚杆轴力响应，并对影响边坡体系响应的参数进行了分析。考虑框架-锚杆-土体之间的相互作用及协同工作，建立了框架预应力锚杆支护边坡体系在地震作用下的三维有限元模型。模型中以弹塑性模型模拟土体；以双线形弹性模型模拟锚杆；土体与框架（横梁、立柱和挡土板）之间采用接触单元模拟；框架采用双线性弹性模型模拟。主要研究了地震烈度、锚杆长度、锚杆水平间距、锚杆竖向间距、边坡坡度、土体参数对边坡位移峰值、加速度峰值、锚杆轴力以及土压力峰值等地震响应的影响。

（5）框架预应力锚杆支护结构在加固边坡工程中的应用及动力分析

依托实际工程，分别介绍了框架预应力锚杆支护结构在单级加固边坡、多级加固边坡和原位加固边坡工程中的应用，并对加固边坡进行了地震响应分析。

第 2 章

框架–预应力锚杆–土体系统地震动相互作用分析模型及地震响应分析

2.1 引　　论

以往对公路、铁路及建筑边坡的支护技术多采用传统的重力式挡墙，在岩质高陡边坡中也有采用框架预应力锚索和抗滑桩加预应力锚索的支护结构。然而在黄土边坡中，尤其是高陡的黄土边坡加固中，这些支护结构的应用却存在如下缺点：

传统重力式挡墙的缺点在于：①自重大；②刚度大，抗震性能差；③整体稳定性差，抗倾覆能力不足。因此，经常出现挡土墙倾覆和滑移的情况，影响工程设施的安全。而框架预应力锚索和抗滑桩加预应力锚索支护结构的缺点在于：①工程量大；②预应力锚索施工复杂；③造价高。

因此，必须因地制宜对黄土边坡或松散堆积土形成的黄土边坡进行支护，这个时候框架预应力锚杆柔性支护结构就应运而生，这种柔性支护结构在黄土边坡的支护和加固过程中得到了大量的应用，并取得了明显的效果。

通过对原来不稳定的黄土边坡或松散堆积土形成的黄土边坡采用框架预应力锚杆进行支护，并对钢筋锚杆施加预应力，从而提高了边坡的稳定性；在黄土边坡上施加的框架和预应力钢筋锚杆可以有效地控制边坡的滑移及变形，同时提高其抗震性能；克服了传统重力式挡墙稳定性差、对环境破坏大以及框架预应力锚索和抗滑桩加预应力锚索造价高、工程量大等缺点；在施工过程中对边坡的扰动性小、采用逆作法施工保证了施工过程的安全；技术简单，便于应用。

框架预应力锚杆柔性支护结构中横梁、立柱和挡土板构成框架，挡土板后为加固土体，挡土板四边与横梁、立柱连接，预应力锚杆穿过横梁与立柱的交叉部位，在预应力锚杆的锚固段周围包裹水泥砂浆，在预应力锚杆的自由段上涂覆一层防腐材料，在防腐材料之外套装聚氯乙烯（Polyvinyl chloride，PVC）套管，在 PVC 塑料套管周围包裹水泥砂浆，锚头将预应力锚杆的端部锚定在横梁与立柱的交叉部位，挡土板所受的土压力通过锚头传至预应力锚杆的锚固段，并通过锚固段锚固在稳定土层中。

框架预应力锚杆支护结构在进行边坡支护时具有独特的施工方法，其步骤为：

（1）制作和施工预应力锚杆：首先在土层中开设孔，将对中支架焊接在钢筋锚拉杆上，将钢筋锚拉杆放置于孔中，在锚固段注入水泥砂浆，在钢筋锚拉杆的自由段上涂抹防腐材料，然后在自由段套上 PVC 塑料套管，最后在自由段的孔中注入水泥砂浆。

（2）浇筑压顶冠梁、立柱、横梁和挡土板：在第一根立柱和第一排横梁的设计位置处支模，在横梁与立柱形成的框架内挡土板的设计位置处支模，在支模而成的槽内绑扎横梁、立柱及挡土板的钢筋骨架并浇筑混凝土。

（3）待横梁、立柱及挡土板的混凝土强度达到 85％以上时对钢筋锚拉杆进行预应力张拉，形成预应力锚杆，用锚具将与预应力锚杆紧固连接的锚头锁死，然后做用于保护锚头和锚具的混凝土喷层。

（4）按照此步骤施工下一个工作面的预应力锚杆和横梁、立柱及挡土板，并完成各层预应力锚杆的张拉与锚固。

（5）按照第（2）步工序施工立柱至立柱的底端，在立柱的底端设计位置处施工横梁，制作其余预应力锚杆并完成相应工序。

（6）在立柱的底端对应位置处制作基础桩：在开设的桩孔内放入钢筋笼，将立柱的底端外伸钢筋和基础桩内钢筋焊接连接，浇筑基础桩。

框架预应力锚杆支护边坡体系中，重点和难点在于预应力锚杆，因为锚杆分为两部分，即自由段和锚固段。锚固段通过砂浆锚固体与土体之间的摩阻力将锚杆与土体进行连接，预应力通过施加于自由段而传递到锚固体。由于这两部分作用机理的不同，使得锚杆很难看作一根沿杆长线性变化的研究对象。

本章建立了框架-预应力锚杆-土体系统在地震作用下的动力计算模型，这种模型中将预应力锚杆自由段看成一线性弹簧，框架（横梁、立柱和挡土板）和锚杆锚固段通过自由段弹簧连接起来，而锚杆锚固段与土体之间的相互作用处理成一个线性弹簧和一个与速度有关的阻尼器。模型中还同时考虑了框架结构（横梁、立柱和挡土板）对体系响应的影响，即将框架（横梁、立柱和挡土板）也处理成一个线性弹簧和一个与速度有关的阻尼器。在地震作用下，框架-预应力锚杆自由段-锚杆锚固段-土体之间相互作用，相互协调，在地震过程中，锚杆预应力随着时间发生变化，而预应力的变化通过自由段弹簧传递至锚杆锚固段，锚杆锚固段继而传递至土层。模型中框架结构（横梁、立柱和挡土板）质量和主动区土体质量以集中质量的形式连接在锚杆自由段，并通过自由段弹簧与锚固段阻尼器进行连接。由此分别建立了框架-锚杆系统和锚杆-土体系统在地震作用下的阻尼微分方程，并分别求解了在简谐地震作用下锚杆预应力的地震响应和锚杆锚固段轴力的动力响应。最后，结合一工程实例，并用 ADINA 软件建立了数值计算模型，对结果进行了分析与验证，结果表明，本章建立的理论计算模型，可以用来对黄土地区土质均匀的边坡进行动力设计和分析。

2.2 预应力锚杆-土体系统的基本原理

2.2.1 预应力锚杆的组成

预应力锚杆由锚头、没有注浆的自由段和需要注浆的锚固段组成，见图 2-1。锚头一般由锚具和混凝土喷层组成，处于锚杆的外端头，锚头把预应力锚杆和框架连接起来，通过在锚头施加预应力，将预应力传递到预应力锚杆，并将锚固力传递给锚固段。自由端为不注浆段，其起到一个弹性变形的作用，锚杆预应力的施加就是通过自由端的这种特性实现的。锚固段就是需要注浆的部位，通过注浆形成的砂浆棒，把锚固力传递到稳定地层。

预应力锚杆就是通过锚头、锚固段与砂浆的握裹力，以及锚固体和周围土体的摩阻力，然后将锚杆所承受的拉力传递到稳定土层的。因此，预应力锚杆和框架结构是一个协同工作的体系。

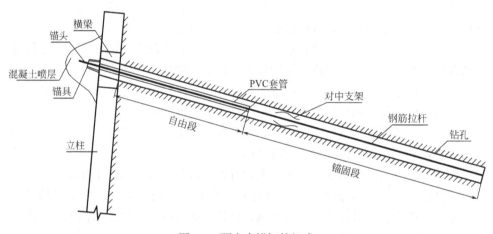

图 2-1 预应力锚杆的组成

2.2.2 预应力锚杆的基本原理

在岩土工程中，通过锚杆周边土体的抗剪强度，传递拉力或者是维持土体开挖临空面的稳定，是岩土锚固的基本原理[130]。借助于锚杆的施加，通过对加固地层的加筋作用，可以有很多明显效果：①使被加固土体产生了一定的压应力区；②土体强度得以提高，力学性能得到明显改善；③使结构与土体可以紧密地接触，形成一个共同工作的整体，从而可以大大地增强整体的承受力和剪力；④提高滑移面上土体的抗剪强度，也就提高了坡体的稳定性，这是其区别于土钉墙等被动受力支护结构的显著力学特点[131]。

2.2.3 锚杆与砂浆的相互作用

正是依靠锚杆与砂浆之间的握裹力，锚杆锚固段与砂浆这两种不同性质的材料才能够共同工作，它们之间的内力才能够传递下去。大量的试验显示，这种握裹力并不是均匀地沿锚杆锚固段分布的，而是曲线分布的。而锚固段要是太长，那么粘结应力在靠近锚固段端部就会变小，甚至为零。因此，锚杆应该具有合理的锚固段长度。

2.2.4 锚杆的抗拔机理

锚杆的受力机理见图 2-2，在保证可靠度的条件下，杆体材料自身强度、杆体与注浆体之间握裹力及锚固体与土体间摩阻力是影响预应力锚杆抗拔承载力的主要因素。但还受很多随机变异性因素的影响，如土体的强度参数、锚孔孔径大小和锚杆倾角、工程特性等[132]。一般情况下，其机理为：①借助于杆体与砂浆间的握裹力，杆体将锚头传递而来的荷载传至水泥砂浆；②通过砂浆与孔壁间的摩阻力传递到稳定土层；③使土体应力状态得以改善，土体变形得到限制。另外，锚固体传递荷载时，锚固段长度上应力分布是很不均匀的，最近端会出现应力严重集中的现象，砂浆体与周围土层界面也会随着荷载的传递，而发生粘脱现象。这种现象会大大减小锚杆抗拔承载力[133]。

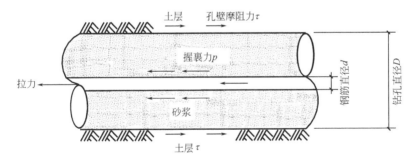

图 2-2　锚杆受力机理

τ—孔壁与砂浆的平均抗剪强度即摩阻力；p—砂浆对钢筋的平均握裹力

2.3　框架-预应力锚杆-土体系统动力模型的建立

如图 2-3 所示，锚杆长为 L，锚固段截面面积和周长分别为 s_a 和 D_a，锚固段材料密度为 ρ。在建立框架-预应力锚杆-土体系统的水平地震动模型时，采用了下述假定：

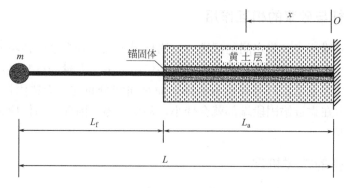

图 2-3 预应力锚杆锚固系统模型

（1）假定预应力锚杆锚固段为有限长等截面均质圆杆，材料为质量连续分布的线弹性体，杨氏模量为 E。

（2）以框架柱为单元，将框架（横梁、立柱和挡土板）对锚杆的作用看成一个线性弹簧和一个与速度有关的阻尼器，其弹簧系数为 k_k，阻尼系数为 η_k，如图 2-4 所示；土体对锚杆锚固段的影响用一个线性弹簧和一个与速度有关的阻尼器以平行的方式耦合，其弹簧系数为 k_a，阻尼系数为 η_a，如图 2-4 所示。

（3）周围土体对锚杆端部的约束作用简化为固定支座。

（4）锚杆自由段看成一线性弹簧，其弹簧系数为 k_f。

（5）在水平地震作用下，框架、锚杆和周围土体仅发生线弹性变形。

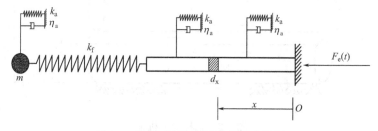

图 2-4 框架-锚杆-土体系统动力模型

从图 2-5 所示的关系中可以得到以下关系式：

$$m \frac{\partial^2 u_k}{\partial t^2} + \eta_k \frac{\partial u_k}{\partial t} + k_k u_k = -F_e(t) - F_p \tag{2-1}$$

即

$$m \frac{\partial^2 u_k}{\partial t^2} + \eta_k \frac{\partial u_k}{\partial t} + (k_k - k_f)u_k = -m \frac{\partial^2 u_g}{\partial t^2} \cos\alpha \tag{2-2}$$

式中　m——框架和滑动区土体的集中质量，单位为 kg；

　　　k_k——框架的弹簧刚度；

k_f——锚杆自由段弹簧刚度；

u_k——框架所产生的变形，即位移；

η_k——框架的阻尼；

F_p——锚杆预应力，$F_p = k_f u_f(x, t)$，其中 u_f 为锚杆自由段所产生的相对位移，与框架所产生的位移相等，即 $u_f = u_k$；

F_{a2}——集中质量的惯性力，$F_{a2} = m\dfrac{\partial^2 u_k}{\partial t^2}$；

$F_e(t)$——地震作用荷载，$F_e(t) = m\dfrac{\partial^2 u_g}{\partial t^2}\cos\alpha$；

u_g——水平地震激励；

α——锚杆水平向倾角。

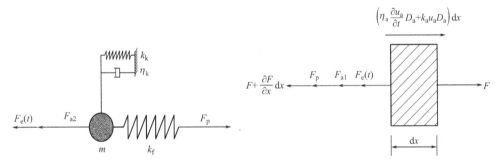

图 2-5　框架-锚杆系统动力模型　　　　图 2-6　锚杆-土体系统动力模型

为简化计算，采用集中质量法，以锚杆与框架相交节点为中心，上下各取锚杆竖向间距的一半对框架和滑动区土体进行质量集中，左右各取锚杆水平间距的一半对框架和滑动区土体进行质量集中，框架的最上层质量的一半集中在第一个节点处，最下层质量的一半集中在最后一个节点处。集中质量计算简图如图 2-7 所示。集中质量表达式为：

$$m = m_k + m_s \tag{2-3}$$

$$m_k = (S_V ab + S_H cd)\rho_k + (S_H - a)(S_V - c)l\rho_t \tag{2-4}$$

由于锚杆水平方向倾角一般在 5°～10° 之间，因此图中土条中线长度可以近似按 $L_f/\cos\alpha$ 来计算，那么计算单元土条的质量 m_s 为

$$m_s = \rho_s S_H S_V L_f/\cos\alpha \tag{2-5}$$

式中　S_H、S_V——分别为锚杆水平间距和竖向间距，单位为 m；

　　　a、b——立柱截面尺寸，单位为 mm；

　　　c、d——横梁截面尺寸，单位为 mm；

　　　l——挡土板厚度，单位为 mm；

ρ_k、ρ_t——分别为梁柱的密度和挡土板的密度，单位为 kg/m³；

ρ_s——土层质量块的密度，单位为 kg/m³。

由图 2-6 中可得到以下关系式：

$$F + \frac{\partial F}{\partial x}dx + F_p + F_{a1} + F_e(t) = (\eta_a \frac{\partial u_a}{\partial t}D_a + k_a u_a D_a)dx + F \quad (2\text{-}6)$$

式中 F——锚杆锚固段微元内力，$F = s_a E_a \frac{\partial u_a}{\partial x}$；

S_a——锚杆锚固段截面面积，单位为 mm²；

u_a——锚杆锚固段相对于土体所产生的相对位移；

F_{a1}——锚固段微元惯性力，$F_{a1} = \rho s_a \frac{\partial^2 u_a}{\partial t^2}dx$；

$F_e(t)$——地震作用荷载，$F_e(t) = \rho s_a \frac{\partial^2 u_g}{\partial t^2}dx \cos\alpha$。

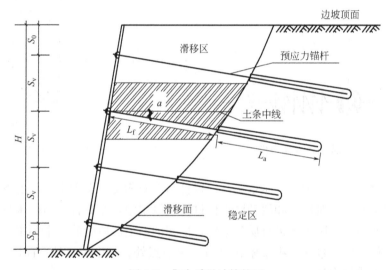

图 2-7 集中质量计算简图

式（2-6）变为

$$s_a E_a \frac{\partial^2 u_a}{\partial x^2}dx + k_f u_f + \rho s_a \frac{\partial^2 u_a}{\partial t^2}dx - (\eta_a \frac{\partial u_a}{\partial t}D_a + k_a u_a D_a)dx$$

$$= -\rho s_a \frac{\partial^2 u_g}{\partial t^2}dx \cos\alpha \quad (2\text{-}7)$$

将式（2-7）两边同时除以 $\rho s_a dx$，得：

$$\frac{E_a}{\rho}\frac{\partial^2 u_a}{\partial x^2} + \frac{k_f}{\rho s_a} \cdot \frac{1}{\Delta x} \cdot u_f + \frac{\partial^2 u_a}{\partial t^2} - (\frac{\eta_a}{\rho} \cdot \frac{D_a}{s_a} \cdot \frac{\partial u_a}{\partial t} + \frac{k_a}{\rho} \cdot \frac{D_a}{s_a} \cdot u_a) = -\frac{\partial^2 u_g}{\partial t^2}\cos\alpha$$

$$(2\text{-}8)$$

令

$$A = \frac{\eta_a}{\rho} \cdot \frac{D_a}{s_a}, \ B = \frac{k_a}{\rho} \cdot \frac{D_a}{s_a},$$

$$C = \sqrt{\frac{E_a}{\rho}}, \ D = \frac{k_f}{\rho s_a}$$

则式（2-8）变为

$$C^2 \frac{\partial^2 u_a}{\partial x^2} + \frac{\partial^2 u_a}{\partial t^2} - \left(A \cdot \frac{\partial u_a}{\partial t} + B \cdot u_a\right) + D \cdot \frac{1}{\Delta x} \cdot u_f = -\frac{\partial^2 u_g}{\partial t^2}\cos\alpha \quad (2-9)$$

式中　ρ——锚杆锚固段材料密度，单位为 kg/m^3；

s_a——锚杆锚固段截面面积，单位为 mm^2；

D_a——锚杆锚固段截面周长，单位为 mm；

E_a——锚杆锚固段弹性模量，$E_a = \dfrac{k_a}{s_a}$，单位为 MPa；

k_a——锚杆锚固段弹簧刚度；

η_a——锚杆锚固段阻尼。

初始条件：

$$u_f(x, \ 0) = 0, \ L_a \leqslant x \leqslant L \quad (2-10)$$

$$u_a(x, \ 0) = 0, \ 0 \leqslant x \leqslant L_a \quad (2-11)$$

边界条件：

$$u_a(0, \ t) = 0 \quad (2-12)$$

$$\left.\frac{\partial u_f(x, \ t)}{\partial x}\right|_{x=L} = \left.\frac{\partial u_k(x, \ t)}{\partial x}\right|_{x=L} \quad (2-13)$$

$$k_a u_a(x, \ t)\big|_{x=L_a} + \eta_a \left.\frac{\partial u_a(x, \ t)}{\partial x}\right|_{x=L_a} = k_u u_f(x, \ t)\big|_{x=L_a} \quad (2-14)$$

位移协调条件：

$$u_a(L_a, \ t) = u_f(L_a, \ t) \quad (2-15)$$

系统总位移：

$$u = u_f + u_a \quad (2-16)$$

锚杆锚固段弹簧刚度和阻尼系数[134][135]：

$$k_a = \delta E_s \quad (2-17)$$

$$\eta_a = 2\rho_s W(V_s + V_p) \quad (2-18)$$

式中　E_s——土的压缩模量，单位为 MPa；

ρ_s——土的密度，单位为 kg/m^3；

V_s、V_p——分别为土的剪切波速和压缩波速，m/s；

W——系统计算宽度，取锚杆水平间距，单位为 m；

δ——不随深度变化的土-锚杆弹簧修正系数，根据 Kagawa[136] 和 Seed[137]

等的研究，δ 的取值范围为 1.4～1.75 之间，一般取 1.5～1.6 可获得较好的计算结果，因此本章 δ 取值 1.5。

不同的岩土体具有不同的弹性波传播速度，在无限大的弹性介质中，剪切波速和压缩波速分别由下式确定[1]：

$$V_s = \sqrt{\frac{E_s}{2\rho_s(1+\mu)}} \tag{2-19}$$

$$V_p = \sqrt{\frac{E_s(1-\mu)}{\rho_s(1+\mu)(1-2\mu)}} \tag{2-20}$$

式中 μ——泊松比。

2.4 简谐波作用下锚杆预应力动力响应分析

本节对锚杆预应力的地震响应进行分析，通过求解方程（2-2），得出锚杆预应力 F_p 随时间的地震增量响应。由于锚杆预应力的大小与锚杆自由段位移 $u_f(x, t)$ 成正比，因此求出 $u_f(x, t)$ 后，将 $u_f(x, t)$ 代入方程（2-9），进一步求出锚杆锚固段位移 $u_a(x, t)$ 的响应。从而可以进一步求得整个框架-锚杆-土体系统的位移响应。

本章考虑简谐振动，设基岩顶部运动为 $\bar{u}_g = U_g \sin\omega t$，为简化计算，将其改写为 $u_g = U_g e^{i\omega t}$，U_g 为简谐运动振幅，求解后取其虚部为实际地震激励响应[138]，则方程（2-2）变为

$$m\frac{\partial^2 u_f}{\partial t^2} + \eta_k\frac{\partial u_f}{\partial t} + (k_k - k_f)u_f = m\cos\alpha U_g\omega^2 e^{i\omega t} \tag{2-21}$$

设方程的解为 $u_f(x, t) = U_f(x)e^{i\omega t}$，将此解代入方程（2-21）并整理得

$$-m\omega^2 U_f + i\omega\eta_k U_f + (k_k - k_f)U_f = m\omega^2 U_g\cos\alpha \tag{2-22}$$

即

$$(i\omega\eta_k - m\omega^2 + k_k - k_f)U_f = m\omega^2 U_g\cos\alpha \tag{2-23}$$

则

$$U_f = \frac{m\omega^2 U_g\cos\alpha}{i\omega\eta_k - m\omega^2 + k_k - k_f} \tag{2-24}$$

则方程的解为

$$u_f(x, t) = \frac{m\omega^2 U_g\cos\alpha}{i\omega\eta_k - m\omega^2 + k_k - k_f}e^{i\omega t} \tag{2-25}$$

根据前述，令 $u_f(x, t)$ 的虚部为 $\bar{u}_f(x, t)$，则锚杆预应力的增量响应为

$$F_p(x, t) = k_f\bar{u}_f(x, t) \tag{2-26}$$

2.5　简谐波作用下锚杆-土体系统动力响应分析

在 2.4 节中将已求出的锚杆自由段的位移响应看作已知，并根据 2.4 部分的计算方法，令 $u_{\mathrm{g}} = U_{\mathrm{g}} e^{i\omega t}$，将方程（2-9）变为

$$C^2 \frac{\partial^2 u_{\mathrm{a}}}{\partial x^2} + \frac{\partial^2 u_{\mathrm{a}}}{\partial t^2} - A \cdot \frac{\partial u_{\mathrm{a}}}{\partial t} + B \cdot u_{\mathrm{a}} + D \cdot \frac{1}{\Delta x} \cdot u_{\mathrm{f}} = U_{\mathrm{g}} \omega^2 e^{i\omega t} \cos\alpha \quad (2\text{-}27)$$

设方程的解为 $u_{\mathrm{a}}(x, t) = U_{\mathrm{a}}(x) e^{i\omega t}$，将此解代入方程（2-27）并整理得

$$e^{i\omega t} \left[C^2 \frac{\mathrm{d}^2 U_{\mathrm{a}}}{\mathrm{d}x^2} - (\omega^2 + iA\omega - B) U_{\mathrm{a}} \right] = U_{\mathrm{g}} \omega^2 e^{i\omega t} \cos\alpha - D u_{\mathrm{f}} / \Delta x \quad (2\text{-}28)$$

即，

$$\frac{\mathrm{d}^2 U_{\mathrm{a}}}{\mathrm{d}x^2} - \frac{\omega^2 + iA\omega - B}{C^2} U_{\mathrm{a}} = \frac{U_{\mathrm{g}} \omega^2 e^{i\omega t} \cos\alpha - D u_{\mathrm{f}} / \Delta x}{C^2 e^{i\omega t}} \quad (2\text{-}29)$$

令 $-\dfrac{\omega^2 + iA\omega - B}{C^2} = P$，$\dfrac{U_{\mathrm{g}} \omega^2 e^{i\omega t} \cos\alpha - D u_{\mathrm{f}} / \Delta x}{C^2 e^{i\omega t}} = Q$，则方程变为

$$\frac{\mathrm{d}^2 U_{\mathrm{a}}}{\mathrm{d}x^2} + P U_{\mathrm{a}} = Q \quad (2\text{-}30)$$

解方程（2-30），得

$$U_{\mathrm{a}}(x) = C_1 \cos\sqrt{P} x + C_2 \sin\sqrt{P} x + \frac{Q}{P} \quad (2\text{-}31)$$

则方程的解为

$$u_{\mathrm{a}}(x, t) = \left(C_1 \cos\sqrt{P} x + C_2 \sin\sqrt{P} x + \frac{Q}{P} \right) e^{i\omega t} \quad (2\text{-}32)$$

式中 C_1 和 C_2 由边界条件和协调条件确定，将式（2-32）分别代入边界条件式（2-12）和协调条件式（2-15）得

$$0 = \left(C_1 + \frac{Q}{P} \right) e^{i\omega t} \quad (2\text{-}33)$$

$$\left(C_1 \cos\sqrt{P} L_{\mathrm{a}} + C_2 \sin\sqrt{P} L_{\mathrm{a}} + \frac{Q}{P} \right) e^{i\omega t} = \frac{m\omega^2 U_{\mathrm{g}} \cos\alpha}{i\omega\eta_{\mathrm{k}} - m\omega^2 + k_{\mathrm{k}} - k_{\mathrm{f}}} e^{i\omega t} \quad (2\text{-}34)$$

解得

$$C_1 = -\frac{Q}{P} \quad (2\text{-}35)$$

$$C_2 = \frac{\dfrac{m\omega^2 U_{\mathrm{g}} \cos\alpha}{i\omega\eta_{\mathrm{k}} - m\omega^2 + k_{\mathrm{k}} - k_{\mathrm{f}}} - \dfrac{Q}{P} (1 - \cos\sqrt{P} L_{\mathrm{a}})}{\sin\sqrt{P} L_{\mathrm{a}}} \quad (2\text{-}36)$$

根据前述，令 $u_{\mathrm{a}}(x, t)$ 的虚部为 $\bar{u}_{\mathrm{a}}(x, t)$，则锚杆锚固段轴力的增量响应为：

$$F_a = k_a \bar{u}_a(x, t) + \eta_a \frac{\partial \bar{u}_a(x, t)}{\partial x} \tag{2-37}$$

2.6 工程实例及数值验证

2.6.1 工程概况

甘肃省天水市民安家园住宅小区边坡支护，边坡高度为 12m，边坡重要性系数为 1.0，边坡与水平面夹角为 80°，安全系数取 1.3，本工程抗震设防烈度为 8 度，地震动加速度峰值取 0.30g，边坡土体参数见表 2-1。

边坡土体参数   表 2-1

黏聚力(kPa)	内摩擦角(°)	重度(kN·m^{-3})	极限摩阻力(kPa)
18	25	16.4	50

2.6.2 支护方案及设计结果

按照本章方法，最终设计结果如表 2-2 所示。框架梁、柱截面尺寸 400mm×400mm，挡土板厚度为 150mm，采用 C20 级混凝土。该工程设计结果如图 2-8 所示。

框架预应力锚杆动力支护设计结果   表 2-2

锚杆层数	水平间距(m)	竖向间距(m)	锚固体直径(mm)	钢筋直径(mm)	自由段长度(m)	锚固段长度(m)	锚杆总长度(m)
1	2.0	2.0	150	28	6	10	16
2	2.0	2.0	150	28	5	10	15
3	2.0	2.0	150	28	5	9	14
4	2.0	2.0	150	28	4	8	12
5	2.0	2.0	150	28	4	7	11
6	2.0	2.0	150	28	4	5	9

2.6.3 框架-预应力锚杆-土体地震响应

计算参数选取如下：地震波选取正弦波，地震频率为 2Hz，加速度峰值为 0.30g。锚杆的弹性模量 $E = 2.60$GPa，锚杆锚固端弹簧刚度 $k_0 = 3.22 \times 10^6$ N/m，

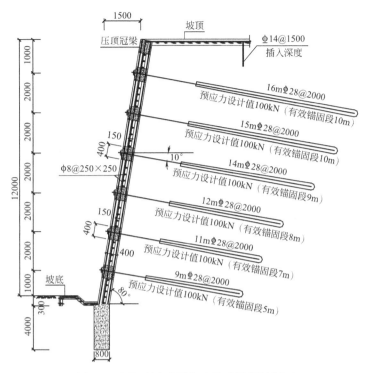

图 2-8 框架预应力锚杆支护边坡设计剖面

土的压缩模量 $E_s=10.5\text{MPa}$，土的泊松比 $\mu=0.3$。由于锚杆布置排数较多，本章仅给出第三排锚杆在地震作用下的位移响应、预应力量和锚固段轴力增量，如图 2-9～图 2-12 所示。

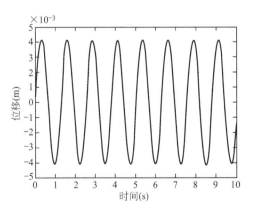

图 2-9 第三排自由段位移时程

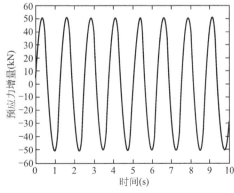

图 2-10 第三排预应力增量时程

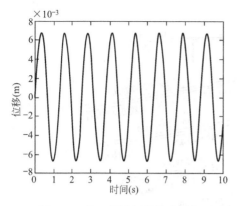

图 2-11　第三排锚固段位移时程

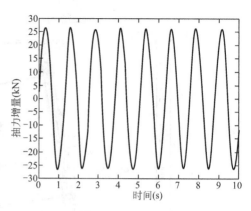

图 2-12　第三排锚固段轴力增量时程

1. 锚杆自由段位移响应和预应力增量响应

通过对式（2-26）和式（2-27）进行计算，可以分别得到预应力锚杆在地震作用下的自由段位移时程和预应力增量时程。图 2-9 和图 2-10 分别给出了第三排预应力锚杆自由段的位移时程和预应力增量时程。由于自由段弹簧的弹性变形，使得预应力随着时间发生了变化，预应力最大增量为 50.46kN，那么该时刻所对应的预应力值就为 150.46kN。

2. 锚杆锚固段位移响应和轴力增量响应

通过对式（2-33）和式（2-38）进行计算，可以分别得到预应力锚杆在地震作用下的锚固段位移时程和锚固段轴力增量时程。图 2-11 和图 2-12 分别给出了第三排预应力锚杆锚固段的位移时程和轴力增量时程。由于在地震作用下，锚固段阻尼器和弹簧对锚固段的约束影响，使得锚固段轴力随着时间发生了变化，图 2-12 给出了锚固段在 $x=10m$ 处的轴力增量，大小为 26.17kN。

2.6.4　有限元数值验证

为了检验本章方法的合理性，采用大型非线性有限元软件 ADINA 对本工程进行了数值模拟：模型土体本构关系采用库仑摩尔弹塑性模型，土体采用三维实体 8 节点单元，横梁和立柱亦采用三维实体 8 节点单元，锚杆采用 rebar 单元，并通过施加初始应变对锚杆施加预应力，土体和框架之间采用接触单元。模型尺寸为 60m×25m×2m，如图 2-13 所示，图 2-14 为框架和锚杆单元模型图。首先对模型在施加了预应力值的情况下进行静力分析，在静力分析的基础上，再施加正弦地震波动力时程，如图 2-15 所示，并通过重启动进行地震作用计算。在进行动力计算时，对框架（横梁和立柱）采用瑞雷阻尼，土体也采用了瑞雷阻尼。

1. 锚杆自由段位移响应

在建立有限元模型时，以 rebar 单元来模拟锚杆，由于网格的划分，使得 rebar

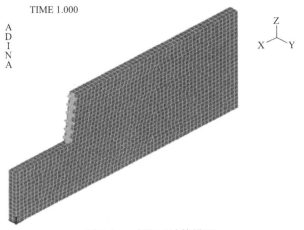

图 2-13　有限元计算模型

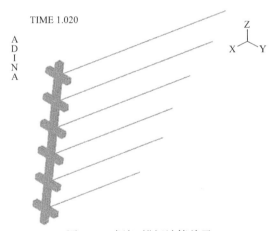

图 2-14　框架-锚杆计算单元

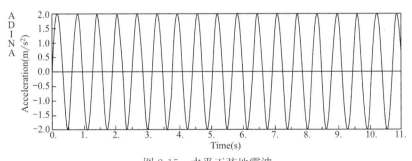

图 2-15　水平正弦地震波

单元与土体之间沿锚杆长度全部粘结，这个时候实际上是无法计算锚杆自由段的位移响应和轴力响应的，只存在锚杆锚固段的位移响应和锚杆锚固段的轴力响应。但是为了从模型中提取出自由段的位移响应，根据本章方法，自由段钢筋弹簧的变形与框架（横梁和立柱）的变形是协调的，也就是可以用框架的变形来反映自由段的位移响应。图 2-16 的（a）～（f）分别给出了第一排～第六排锚杆自由段在地震动荷载作用下的位移响应。

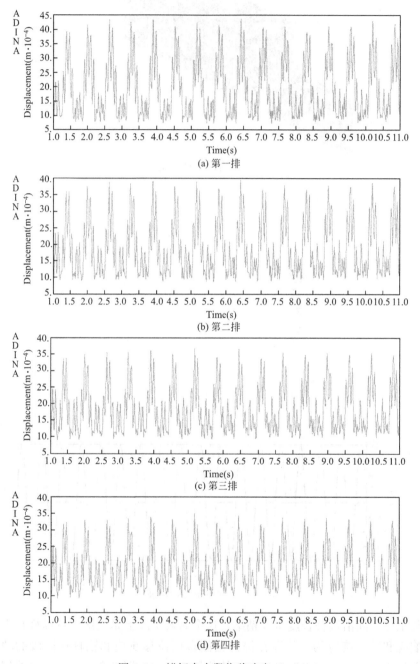

(a) 第一排

(b) 第二排

(c) 第三排

(d) 第四排

图 2-16 锚杆自由段位移响应（一）

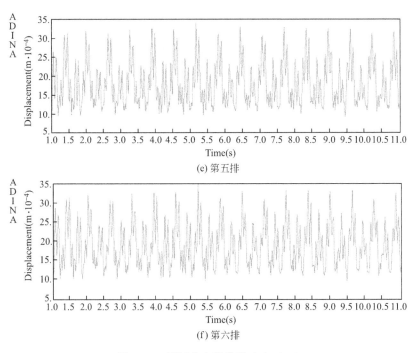

图 2-16　锚杆自由段位移响应（二）

需要说明的是，这里给出的自由段位移响应是锚杆自由段在地震作用下的相对位移。经过计算分析可以发现：第一排锚杆自由段位移的最大值为 4.354mm，发生在 6.42s 时刻；第二排锚杆自由段位移的最大值为 3.939mm，发生在 6.42s 时刻；第三排锚杆自由段位移的最大值为 3.683mm，发生在 5.16s 时刻；第四排锚杆自由段位移的最大值为 3.513mm，发生在 5.16s 时刻；第五排锚杆自由段位移的最大值为 3.402mm，发生在 5.16s 时刻；第六排锚杆自由段位移的最大值为 3.455mm，发生在 5.16s 时刻。由此可得，沿坡高（从坡顶至坡底）锚杆自由段的变形越来越小。

2. 锚杆锚固段位移响应

在地震作用下，由于框架（横梁和立柱）结构随着时间而产生相应的位移，而预应力锚杆的一端又与框架相连接，那么锚杆就会随着框架的振动而振动，锚杆的位移变化也会随着框架的位移变化而变化。图 2-17 的 （a）～（f） 分别给出了第一排～第六排锚杆锚固段在地震动荷载作用下的位移响应。

需要说明的是，这里给出的位移也是锚固段的相对位移。经过计算分析可以发现：第一排锚杆锚固段位移的最大值为 6.67mm，发生在 6.42s 时刻；第二排锚杆锚固段位移的最大值为 6.321mm，发生在 6.42s 时刻；第三排锚杆锚固段位移的最大值为 5.759mm，发生在 6.42s 时刻；第四排锚杆锚固段位移的最大值为 5.304mm，发生在 4.84s 时刻；第五排锚杆锚固段位移的最大值为 4.984mm，发生在 4.84s 时刻；第六排锚杆锚固段位移的最大值为 4.525mm，发生在 8.62s 时刻。由此可得，沿坡高（从坡顶至坡底）锚杆锚固段的变形越来越小。

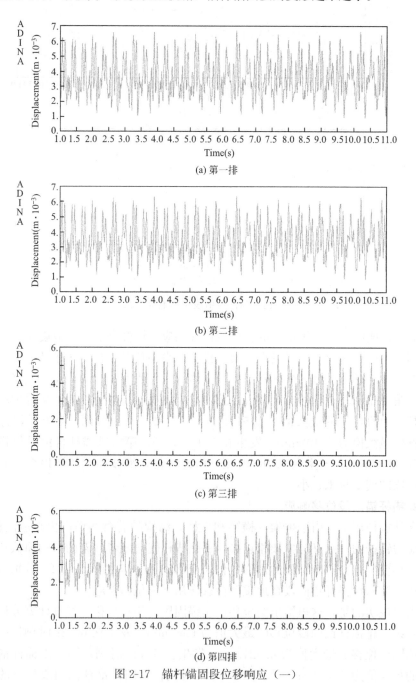

图 2-17 锚杆锚固段位移响应（一）

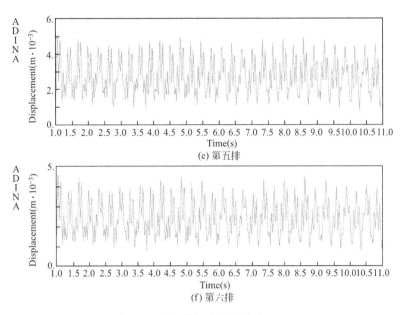

(e) 第五排

(f) 第六排

图 2-17　锚杆锚固段位移响应（二）

3. 锚杆轴力沿杆长分布

为了能够反映出预应力锚杆的工作受力机理，本章选取 $t = 6.42$s 时刻各排锚杆轴力沿杆长的分布情况，如图 2-18 所示，锚杆轴力沿杆长呈减小的趋势，即从锚头起第四个单元处开始至锚杆内侧端头，锚杆轴力越来越小。

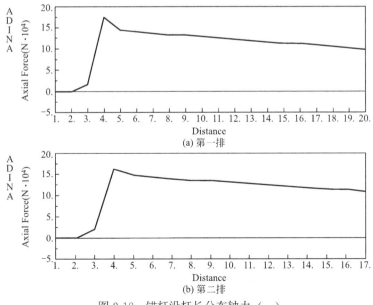

(a) 第一排

(b) 第二排

图 2-18　锚杆沿杆长分布轴力（一）

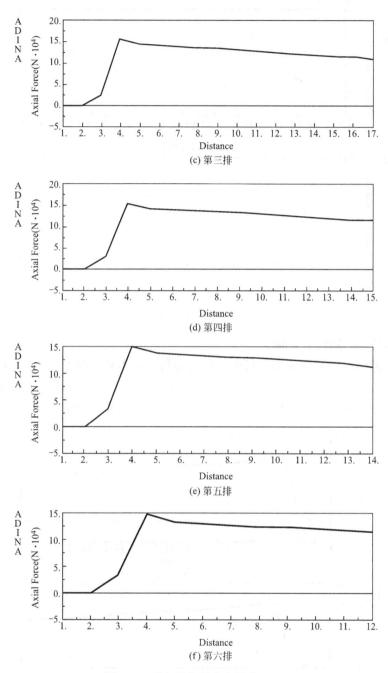

(c) 第三排

(d) 第四排

(e) 第五排

(f) 第六排

图 2-18 锚杆沿杆长分布轴力 (二)

将图 2-9~图 2-12 与有限元计算结果中的图 2-16 (c)、图 2-17 (c) 和图 2-18 (c) 进行对比，可得：本章方法计算的第三排锚杆自由段的位移响应峰值为 4.13mm，预应力增量峰值为 50.46kN，预应力的最大值为 150.46kN，锚固段位移响应峰值为 6.73mm，锚固段在 $x=10$m 处的轴力增量大小为 26.17kN，即该时刻对应的预应力值为 126.17kN；而有限元计算结果中，第三排锚杆自由段位移响应峰值为 3.683mm，图 2-18（c）中锚杆轴力最大值为 157.162kN，可以近似看作预应力的最大值，锚固段位移响应峰值为 5.759mm，与此对应的 $x=10$m 处的锚杆轴力为 119.056kN。通过上述对比可以发现，本章方法和有限元计算结果比较吻合。然而数值模拟计算结果和本章方法计算结果两者之间存在一定的误差，这种误差主要是因为理论计算模型的简化以及有限元数值模型中材料和单元选取的影响造成的。另外需要指出的是，图 2-18 中所反映的锚杆轴力沿杆长的分布规律中，锚杆轴力实际上应该是在锚头位置处最大，而模拟结果中都是从锚杆的第四个单元处显示为最大，这个主要是由于模型土体的初始地应力消除不完全造成的。

2.7 本章小结

通过对框架预应力锚杆支护边坡体系在地震作用下的动力响应分析，可以得到以下结论：

（1）通过工程波动理论，建立了框架-预应力锚杆-土体系统在地震作用下的动力计算模型，在水平地震作用下，建立了框架和预应力锚杆之间、预应力锚杆和土体之间的相互作用关系，获得了预应力锚杆自由段的预应力增量时程，以及预应力锚杆锚固段的轴力增量时程。

（2）给出的计算模型能够比较准确地反映出框架和预应力锚杆之间、预应力锚杆和土体之间的实际受力状态和相互作用关系，实现了框架、预应力锚杆和土体之间的协同工作计算，从而保证了支护结构的安全可靠。

（3）这种方法可以推广到预应力锚杆挡墙和排桩加预应力锚杆挡墙的工程中，可以为这些柔性支护结构的地震响应分析和设计提供一定的依据。

（4）结合一工程实例，采用有限元软件 ADINA 对该实例进行了模拟计算分析，并与本章方法得到的结果进行了对比验证。结果表明，本章提出的计算模型，对于黄土地区土质均匀的支护边坡的动力设计和分析是可行的，这种方法给黄土地区框架预应力锚杆支护边坡的地震动分析与设计提供了一种新的途径。

■第3章■

框架预应力锚杆支护边坡地震动模型的建立及响应分析

3.1 引　　论

我国山多、地震多，且两者的分布范围也很广泛。我国多山的西北和西南地区，也是历史上地震发生较多的地区。在我国西北黄土分布广泛且沟壑纵深的地区进行大规模的基础建设时，会遇到大量的边坡工程，为了保证施工过程和工程完工后交通的顺利运行和居民的安定生活，就必须对工程中遇到的边坡进行支护和加固。2008 年 5 月 12 日的汶川大地震给中国人民尤其是四川人民带来了巨大的伤痛，在地震引起的破坏中，包括了大量的边坡工程的损害，尤其是道路边坡工程的巨大破坏，严重影响了第一时间救援工作的开展。为了在非地震和地震发生时，能够减少灾害的发生，同时保证人民的生命和财产安全，框架预应力锚杆支护结构在边坡的支护和加固工程中日益受到重视，实时的开展该种柔性支护结构的地震动作用研究工作是十分必要的，并且对国家新一轮的拉动内需政策有重大的现实意义。

随着科技的发展以及研究人员对这一问题的重视，柔性支护结构在边坡支护动力问题方面的研究得到了一定的发展，主要包括董建华等[120] 对土钉支护黄土边坡的地震作用分析，Collin[139] 等对加筋土挡墙的动力性能评价，Hannas 等[112] 对土钉墙的动力设计问题研究。而框架预应力锚杆柔性支护结构，主要存在两方面的问题：①该结构尚属于新兴支挡结构，最近几年才得到了发展；②该结构作用机理复杂，涉及结构和岩土的交叉学科，因此其在地震动作用问题方面的分析与研究还很欠缺。为了能够更好地将这种结构形式应用到越来越多的边坡工程中，现阶段开展对该支护结构地震作用的设计与动力分析方面的研究工作是十分必要的。

本章提出的理论计算模型，基于土动力学和结构动力学的原理，建立了框架预应力锚杆支护边坡的地震动分析模型，并得到了边坡在水平地震作用下的动力响应。依据水平条分法，考虑边坡高度的影响因素，建立了地震作用下边坡土压力的动力分析模型。在建立支护结构的地震动分析模型时，将锚杆预应力这一影响因素考虑在内，根据集中质量法，以框架柱为计算单元，形成集中质量串，锚杆以弹簧支座形式与土体连接，预应力通过给定的初始设计值施加于锚杆上，据此，建立结构动力控制平衡方程。最后，通过把动土压力、预应力及地震作用施加于框架结构之上，求解出预应力锚杆的轴力响应值。这一模型能够将地震作用中支护边坡体系的土压力分布特性、支护结构的位移反应和预应力锚杆的轴力反应特性近似地表达出来，因而可以为框架预应力锚杆支护边坡的抗震设计提供一定的依据。文中最后结合一工程实例验证了本章方法的适用性，这种计算方法给框架预应力锚杆支护结构的地震分析及抗震设计提供了一种新的途径。

3.2　框架预应力锚杆支护结构原理

3.2.1　框架预应力锚杆支护结构模型

　　框架预应力锚杆支护结构是近几年发展起来的一种新型支护结构[131][140][141]。它由横梁和立柱形成的框架、具有挡土作用的挡土板、提供抗拔力的预应力锚杆以及墙后参与工作的土体组成。图 3-1 和图 3-2 分别为该结构的立面和剖面。横梁和立柱以及挡土板构成了能够使坡后土体保持稳定的框架，锚杆外端锚头通过锚具连接于横梁立柱的节点，内端通过砂浆的锚固力与稳定土层进行连接。这样整个支护体系的土压力就通过预应力锚杆的作用，传递至框架，从而起到加固边坡的作用。锚杆的主要作用是锚固土体，通过钢筋锚拉杆与砂浆的握裹力和砂浆与土体之间的摩阻力来实现。在支护结构体系中，框架和预应力锚杆以及土体变

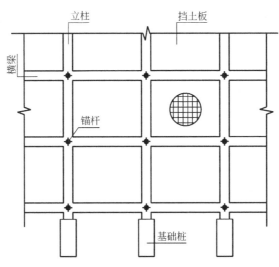

图 3-1　框架预应力锚杆挡墙立面

形协调、共同工作，通过对预应力锚杆施加一定的预应力值，可以更好地控制边坡的侧向变形，提高坡体的稳定性。

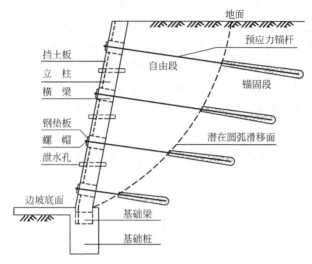

图 3-2　框架预应力锚杆挡墙剖面

框架预应力锚杆支护结构不同于传统支护结构，其优点表现在[142][143]：

（1）借助于预应力锚杆这一构件，支护结构由传统的被动受力变为主动受力结构，可以大大减小边坡的侧向变形，提高坡体稳定性。

（2）支护体系几个构件之间变形协调，共同分担土压力的作用，一根锚杆失效时，随即就会有其余的锚杆来分担该失效锚杆所承担的力，因而可以有效提高边坡的可靠度，使经济损失降到最低。

（3）不受坡高的限制，适用于任何环境下的边坡工程，对边坡原状土的扰动和损伤较小，节省原材料，经济且环保。

（4）可以配以适当的植草绿化措施，实现生态支护。

尽管框架锚杆柔性支护结构的作用机理和理论研究还不是很成熟，但是由于该支护结构存在以上诸多优点，因此其在深基坑开挖支护、边坡和桥台加固等工程实践中得到了广泛的应用。

3.2.2　框架预应力锚杆支护结构的作用机理

框架预应力锚杆柔性支护结构属于主动受力支护结构[144][145]。在支护结构中，锚杆与框架梁、柱共同作用，在深基坑围护结构和边坡支护结构中，通过施加一定吨位的预应力，对坡后土体起到预加固的作用，同时使得坡后土体的应力状态和力学参数指标也得以改善。该结构就是需要借助土体本身的能力，通过稳定土层的抗拔力来抵挡不稳定土体的下滑力，使边坡的稳定性得以提高。另外，预应力的施加使得潜在滑移面上的土体抗剪能力得到增强，从而增加了抗滑力，提高了稳定性系数，从而保证了边坡的稳定性。在支护体系中，框架梁、柱一方面承受着预应力锚杆传递来的土压力，另一方面还提高了支护结构的整体性。

3.3　模型基本假定

在建立框架预应力锚杆支护边坡的地震动分析模型时，采用了下述假设：

（1）由于在框架预应力锚杆支护边坡体系中，主动土压力起控制作用，为简化计算只考虑主动土压力的影响。

（2）锚杆锚固段与土体作用以弹簧支座的形式代替。

（3）本章仅考虑水平地震作用。

（4）在水平地震下，坡后土体的竖向沉降忽略不计。

（5）在水平地震作用下，框架与土体一起振动，框架与土体之间无相对滑移。

3.4　动土压力模型的建立

对于一个土质均匀的边坡，地震时假定其破坏模式为圆弧破坏，这样滑动区土体由坡顶至坡脚就近似呈倒三角形分布。"5·12 地震"及以往地震中，大量的边坡破坏情况表明地震时的最大位移发生在边坡的顶部，往下则逐渐减小，土压力最大值发生在坡顶处。当土坡被支挡结构挡住，不能发生位移时，原来位移大的部位，动土压力就会大；原来位移小的部位，动土压力就会较小。因此，地震时作用在支挡结构上的土压力，在支挡结构顶部最大，向下逐渐减小[146]。本章认为地震土压力的分布图形是一个倒三角形，如图 3-3 所示。而传统的拟静力法则认为土压力的分布图为一个正三角形，与支护边坡在地震作用下的响应不相符合。

地震发生时，土体任意点发生的位移可用下式表示

$$u_t = u_0 \sin\omega t \tag{3-1}$$

地震作用下，挡土墙所受到的土压力强度可表示为

$$p_a = -m_{si} u_0 \omega^2 \sin\omega t \tag{3-2}$$

以横梁和立柱交点为中心，将土层进行分条，则每层土层对应土条的质量为 m_{si}，如图 3-4 所示，图中 β 为边坡倾角，ψ 为边坡土体潜在滑动面的倾角。

$$m_{si} = \rho_i S_H S_V h_i \left(\frac{1}{\tan\psi} - \frac{1}{\tan\beta} \right), \ i = 2, \cdots, n-1 \tag{3-3}$$

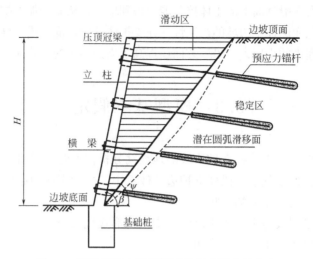

图 3-3　框架预应力锚杆挡墙地震土压力的分布

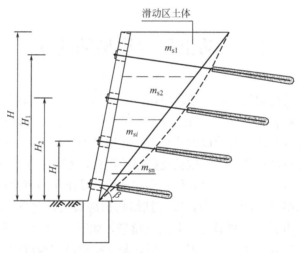

图 3-4　土层质量分布示意图

式中　ρ_i——土的密度，单位为 kg/m^3；

S_H、S_V——分别为立柱水平方向的间距和横梁竖直方向的间距，单位为 m；

h_i——横梁和立柱交点距边坡坡脚的垂直距离，单位为 m。

其中

$$m_{s1} = \rho_1 S_H \left(\frac{S_V}{2} + S_0\right) H_1 \left(\frac{1}{\tan\psi} - \frac{1}{\tan\beta}\right) \qquad (3-4)$$

$$m_{sn} = \rho_n S_H \left(\frac{S_V}{2} + S_P\right) H_n \left(\frac{1}{\tan\psi} - \frac{1}{\tan\beta}\right) \qquad (3-5)$$

土体颗粒的最大位移可由下式求得[146]

$$u_0 = \frac{1}{2\pi}K'\gamma\upsilon_\mathrm{t}T\frac{1-\mu}{E_\mathrm{s}}\frac{y}{H}f(\zeta) \tag{3-6}$$

式中　K'——地震系数，$K'=a/g$；

　　　γ——土体的重度，单位为 $\mathrm{kg/m^3}$；

　　　υ_t——地震时土体中纵波的传播速度，单位为 m/s；

　　　T——地震时土体的振动周期，$T=\dfrac{2\pi\cos\omega t}{\omega}$，单位为 s；

　　　μ——土体泊松比；

　　　E_s——土体总变形模量，单位为 MPa；

　　　y——挡墙计算点的纵坐标，坐标原点位于墙底处。

根据公式（3-1）～公式（3-6）便可以得到作用于框架结构上的地震动土压力强度：

$$p_\mathrm{a} = \frac{m_{si}K'\gamma\upsilon_\mathrm{t}T(1-\mu)f(\zeta)\omega^2\sin\omega t}{2\pi E_\mathrm{s}H}y \tag{3-7}$$

$f(\zeta)$ 为无穷函数 $z=(\zeta)$ 的导数，其值可由 Swas-Chrisdorfer 变换[147] 求得

$$z = C\int_0^\zeta x^{(\frac{1}{2}+a)}(x-1)^{(\mathrm{b}-a-\frac{1}{2})}(x-2)^{-\mathrm{b}}\mathrm{d}x \tag{3-8}$$

C 为常量，可以由初始条件 $\alpha=a\pi$ 和 $\beta=b\pi$ 来确定。

于是便可以得地震作用下，横梁和立柱交点处，也即锚杆与框架节点处的土压力为：

$$E_{ai} = \frac{[p_\mathrm{a}H+p_\mathrm{a}(H-S_0-(i-1)S_\mathrm{V})][S_0+(i-1)S_\mathrm{V}]}{2}, \quad i=1,2,\cdots,n \tag{3-9}$$

3.5　框架预应力锚杆结构动力模型

本章仅考虑水平地震作用，为简化计算，采用集中质量法进行框架结构地震响应分析，把锚杆简化为弹簧支座，以锚杆与框架相交节点为中心，上下各取锚杆竖向间距的一半对柱和面板进行质量集中，左右各取锚杆水平间距的一半对梁和面板进行质量集中，框架的最上层质量集中在第一个支座处，最下层质量集中在最后一个支座处，如图 3-5 和图 3-6 所示。取一榀框架柱为计算单元，如图 3-7 所示，按 n 个多自由度系统的运动方程进行分析，其反应的控制微分方程如下[138][148]：

$$[M]\{\ddot{U}\} + [C]\{\dot{U}\} + [K]\{U\} = -[M]\{I\}\ddot{u}_g + \{F_p\} + \{E_a\} \quad (3\text{-}10)$$

式中 $\{I\}$ ——单位向量；

u_g——地震时施加的水平激励；

$[M]$ ——横梁、立柱和挡土板质量形成的集中质量矩阵；

$[C]$ ——框架结构的阻尼矩阵，在地震反应振型分析中不需要考虑阻尼矩阵，仅考虑振型阻尼比 ζ_n；

$[K]$ ——框架结构的刚度矩阵；

$\{F_p\}$ ——施加的锚杆预应力；

$\{E_a\}$ ——由式（3-9）求出的动土压力。

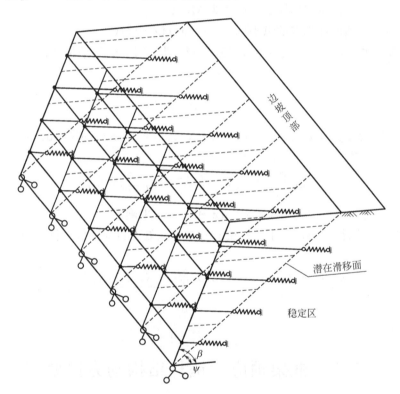

图 3-5 框架预应力锚杆支护边坡地震动计算简图

质量矩阵：

$$[M] = \begin{bmatrix} m_{f1} & & & \\ & m_{f2} & & \\ & & \ddots & \\ & & & m_{fn} \end{bmatrix} \quad (3\text{-}11)$$

刚度矩阵：

$$[K]=[K]^{k}+[K]^{m} \tag{3-12}$$

式中　　$[K]^{k}$——横梁、立柱和挡土板体系的等效剪切刚度矩阵；

$[K]^{m}$——锚杆弹簧支座形成的弹性矩阵。

$$[K]^{k}=\begin{bmatrix} k_{11}^{k} & k_{12}^{k} & & & & & \\ k_{21}^{k} & k_{22}^{k} & \ddots & & & & \\ & \ddots & \ddots & \ddots & & & \\ & & \ddots & \ddots & \ddots & & \\ & & & \ddots & k_{n-1,\,n-1}^{k} & k_{n-1,\,n}^{k} \\ & & & & k_{n,\,n-1}^{k} & k_{n,\,n}^{k} \end{bmatrix} \tag{3-13}$$

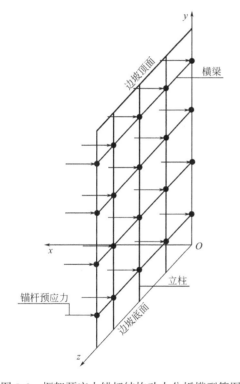

图 3-6　框架预应力锚杆结构动力分析模型简图

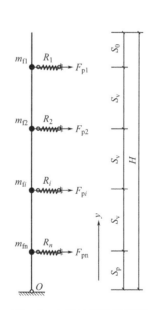

图 3-7　立柱计算单元简图

$$[K]^{m}=\begin{bmatrix} k_{11}^{m} & & & & \\ & k_{22}^{m} & & & \\ & & \ddots & & \\ & & & k_{n-1,\,n-1}^{m} & \\ & & & & k_{n,\,n}^{m} \end{bmatrix} \tag{3-14}$$

集中质量表达式：

$$m_{\text{fl}} = \left[(S_0 + S_V/2)ab + S_H cd\right]\rho_k + (S_H - a)(S_0 + S_V/2 - c)l\rho_t \tag{3-15}$$

$$m_{\text{fi}} = (S_V ab + S_H cd)\rho_k + (S_H - a)(S_V - c)l\rho_t, \ i = 2\cdots n - 1 \tag{3-16}$$

$$m_{\text{fn}} = \left[(S_P + S_V/2)ab + S_H cd\right]\rho_k + (S_H - a)(S_P + S_V/2 - c)l\rho_t \tag{3-17}$$

式中　S_H、S_V——分别为锚杆水平间距和竖向间距，单位为 m；

$\quad\quad S_0$——为首层锚杆距坡顶的距离，单位为 m；

$\quad\quad S_P$——为末层锚杆距坡底的距离，单位为 m；

$\quad\quad a$、b——立柱矩形截面尺寸，一般情况下取 $a=b$，单位为 m；

$\quad\quad c$、d——分别为横梁矩形截面尺寸，一般情况下取 $c=d$，单位为 m；

$\quad\quad l$——钢筋混凝土面板（挡土板）的厚度，单位为 mm；

$\quad\quad \rho_k$、ρ_t——分别为格构梁（横梁和立柱）的密度和挡土板的密度，单位为 kg/m^3。

式（3-13）中，横梁、立柱和挡土板体系的等效剪切刚度矩阵，可以根据上部结构中连续剪切梁的计算方法求得，其跨度取锚杆的水平间距[122]。

式（3-14）中，锚杆弹簧支座形成的弹性矩阵中刚度系数根据式（3-18）计算[122]：

$$k_{ij}^{\text{m}} = \frac{1}{c_{ij}^{\text{m}}} \tag{3-18}$$

c_{ij}^{m} 为在单位力作用下支座的变形量，称为柔度系数[122]，支座的变形量主要考虑锚杆锚固段在稳定土体中的弹性变形 ΔL_a，c_{ij}^{m} 可表示为

$$c_{ij}^{\text{m}} = \frac{\Delta L_a}{R} = \frac{L_{ij}^{\text{a}}}{A_{dij}E_{dij}} \tag{3-19}$$

式中　A_{dij}——第 i 层、第 j 排锚杆锚固段截面面积；

$\quad\quad E_{dij}$——第 i 层、第 j 排锚杆锚固段弹性模量；

$\quad\quad L_{ij}^{\text{a}}$——第 i 层、第 j 排锚杆锚固段长度，单位为 m。

3.6　预应力锚杆轴力响应

对于水平简谐振动，设 $u_g = U_g \sin\overline{\omega}t$，其中，$U_g$ 为简谐运动振幅。

由于式（3-10）是多自由度体系的运动方程，采用振型分解法求解，与其对应的 n 个独立单自由度方程式为[138]

$$\ddot{q}_n + 2\zeta_n\omega_n\dot{q}_n + \omega_n^2 q_n = \eta_l\overline{\omega}^2 U_g\sin\overline{\omega}t + K_{\text{fe}} \tag{3-20}$$

$$\eta_l = \frac{\{\phi\}_n^T[M]\{I\}}{\{\phi\}_n^T[M]\{\phi\}_n}, \quad K_{fe} = \frac{\{\phi\}_n^T([f_p]+[E_a])}{\{\phi\}_n^T[M]\{\phi\}_n};$$

式中 ζ_n——振型阻尼比；

$\quad \omega_n$——固有频率，单位为 Hz；

$\quad \{\phi\}_n$——固有振型；

$\quad \eta_l$——振型参与系数；

$\quad K_{fe}$——振型控制力，单位为 kN。

由于初位移和初速度都为零，式（3-20）的解为

$$q_n(t) = \frac{\eta_l}{\bar{\omega}_n}\int_0^t e^{-\xi_n\bar{\omega}(t-\tau)}\bar{\omega}^2 U_g\sin\bar{\omega}t\sin\bar{\omega}_n(t-\tau)d\tau + \frac{K_{fe}}{\bar{\omega}_n}\int_0^t e^{-\xi_n\bar{\omega}(t-\tau)}\sin\bar{\omega}_n(t-\tau)d\tau$$

$$(l=1, 2, \cdots, N) \tag{3-21}$$

式中 $\bar{\omega}_n = \omega_n\sqrt{(1-\xi_n)}$。

则方程（3-10）的解为

$$\{u(t)\} = \sum_{n=1}^N \{\phi\}_n q_n(t) \tag{3-22}$$

即框架结构的动力位移为

$$\{u(t)\} = \sum_{n=1}^N \{\phi\}_n q_n(t) \tag{3-23}$$

拟静力位移为

$$\{u^s(t)\} = \sum_{l=1}^{N_g} \{\eta_l\} u_{gl}(t) \tag{3-24}$$

式中 $u_{gl}(t)$——支座位移，其值与式（3-1）中地震时土体颗粒产生的位移相等，即 $u_{gl}(t) = u_t$。

从而得框架结构各自由度的总位移：

$$\{u^t(t)\} = \sum_{l=1}^{N_g} \{\eta_l\} u_{gl}(t) + \sum_{n=1}^N \{\phi\}_n q_n(t) \tag{3-25}$$

基于等效静力的方法，锚杆沿支座方向的轴力为

$$\{f_{sz}(t)\} = k_n^m\{u^t(t)\} = k_n^m\left(\sum_{l=1}^{N_g} \{\eta_l\} u_{gl}(t) + \sum_{n=1}^N \{\phi\}_n q_n(t)\right), \quad n=1, 2, \cdots, N$$

$$\tag{3-26}$$

因此得出框架预应力锚杆支护结构中锚杆轴力为：

$$N_n(t) = \frac{k_n^m\left(\sum\limits_{l=1}^{N_g} \{\eta_l\} u_{gl}(t) + \sum\limits_{n=1}^N \{\phi\}_n q_n(t)\right)}{\cos\alpha} \tag{3-27}$$

式中 α——锚杆与水平面的夹角。

3.7 工程算例及数值验证

3.7.1 工程概况

本章仍采用第 2 章的工程实例。为了能够分析锚杆预应力对支护边坡地震动响应的影响规律，本工程分三种工况：工况Ⅰ（锚杆施加预应力 60kN），工况Ⅱ（锚杆施加预应力 80kN）和工况Ⅲ（锚杆施加预应力 100kN），根据这三种工况分别对该边坡进行了设计。本章针对所施加的三种不同的预应力值，对支护边坡的位移响应和锚杆轴力响应分别进行了分析。

3.7.2 支护方案及设计结果

按照本章方法，框架梁、柱截面尺寸为 400mm×400mm，挡土板厚度为 150mm，采用 C20 级混凝土，锚杆锚固体直径为 150mm，钢筋选用 HRB400，边坡倾角为 80°。该工程设计结果如图 3-8 所示，分三种工况，对本支护锚杆分别施加 60kN、80kN 和 100kN 的预应力。

3.7.3 支护边坡地震动响应及数值验证

计算参数取以下数值：以水平正弦波作为地震波输入，地震频率为 2Hz，加速度峰值为 0.30g。锚杆的弹性模量为 $E=2.60$GPa，锚杆锚固端弹簧刚度为 $k_0=3.22×10^6$N/m，土的压缩模量为 $E_s=10.5$MPa，土的泊松比为 $\mu=0.3$。以下分别对工况Ⅰ（锚杆施加预应力 60kN）、工况Ⅱ（锚杆施加预应力 80kN）和工况Ⅲ（锚杆施加预应力 100kN）这三种工况进行地震动响应分析。

为了检验本章方法的合理性，采用大型非线性有限元软件 ADINA 对本工程进行数值模拟：按照工况Ⅰ（锚杆施加预应力 60kN）、工况Ⅱ（锚杆施加预应力 80kN）和工况Ⅲ（锚杆施加预应力 100kN）分别进行。模型本构关系采用弹性模型，首先对模型在施加了预应力值的情况下进行静力分析，再施加正弦地震波动力时程。土体采用 3D-soild 8 节点单元，锚杆采用 rebar 单元，并通过施加初始应变对锚杆施加预应力，挡土板采用 shell 单元，横梁和立柱采用 beam 单元，土体和框架结构之间采用接触单元。模型尺寸为 60m×25m×2m，如图 3-9 所示。图 3-10 为框架和锚杆单元模型图，图 3-11 为挡土板单元模型图，图 3-12 为正弦地震波时程。

1. 工况Ⅰ：锚杆施加预应力 60kN

（1）支护边坡地震响应

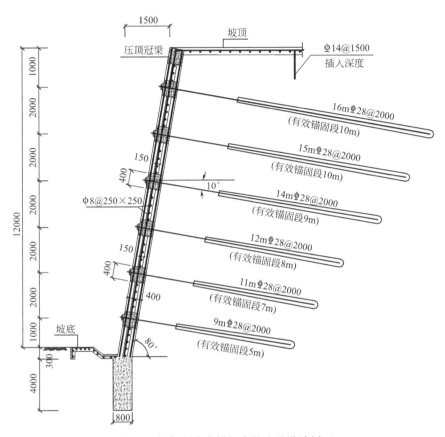

图 3-8　框架预应力锚杆支护边坡设计剖面

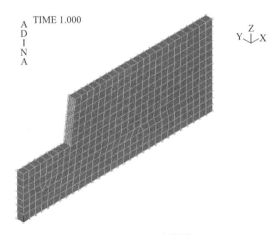

图 3-9　有限元计算模型

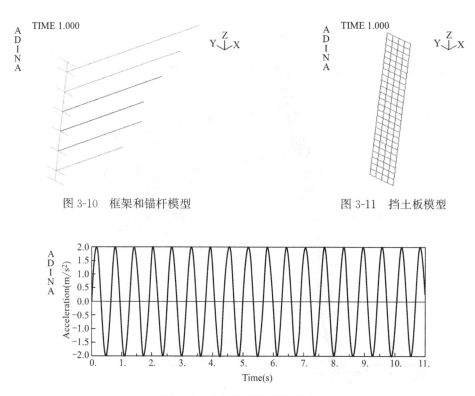

图 3-10 框架和锚杆模型   图 3-11 挡土板模型

图 3-12 水平正弦地震波激励

各排锚杆均施加 60kN 预应力，坡顶位移响应和各排锚杆在地震作用下的轴力响应，分别见图 3-13 及图 3-14。

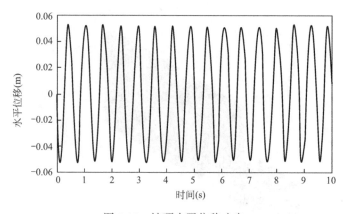

图 3-13 坡顶水平位移响应

（2）数值验证

各排锚杆均施加 60kN 的预应力，沿边坡高度方向，位移在地震力作用下的变化、锚杆在地震前后的最大轴力比较以及各排锚杆在地震作用下的轴力响应，分别如图 3-15～图 3-18 所示。

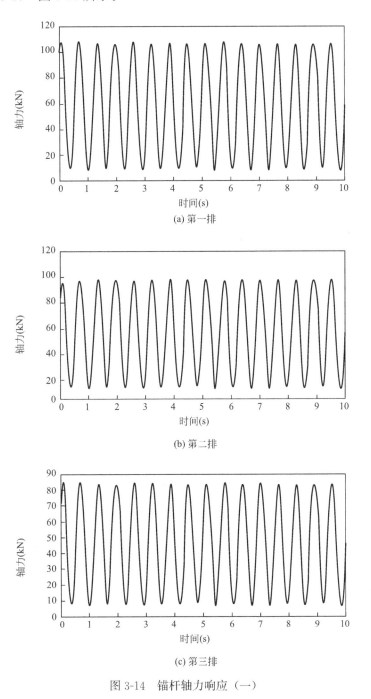

(a) 第一排

(b) 第二排

(c) 第三排

图 3-14　锚杆轴力响应（一）

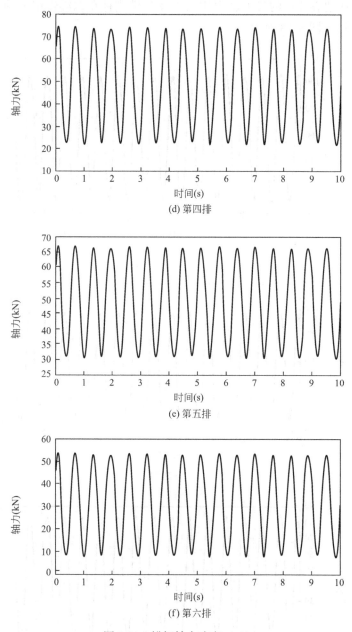

(d) 第四排

(e) 第五排

(f) 第六排

图 3-14   锚杆轴力响应（二）

2. 工况 II：锚杆施加预应力 80kN

（1）支护边坡地震响应

各排锚杆均施加 80kN 的预应力，坡顶位移响应和各排锚杆在地震作用下的轴力响应，分别见图 3-19 及图 3-20。

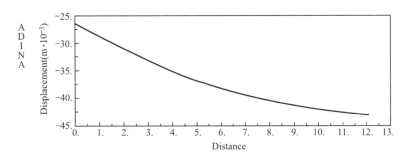

图 3-15　地震作用下沿边坡高度的位移变化

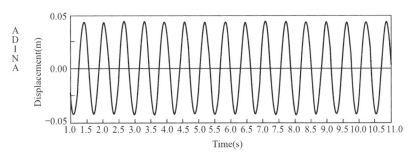

图 3-16　地震作用下坡顶位移时程曲线

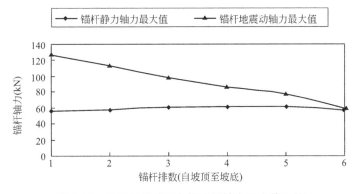

图 3-17　地震作用前后各排锚杆轴力最大值比较

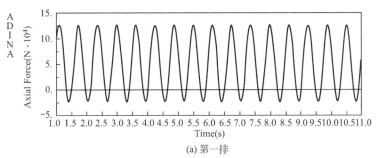

(a) 第一排

图 3-18　锚杆轴力时程（一）

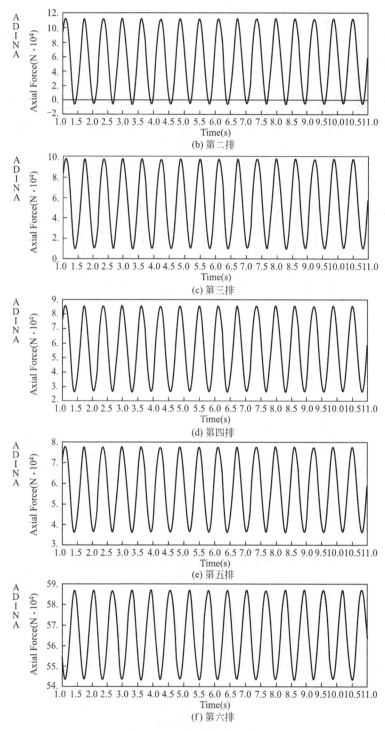

图 3-18 锚杆轴力时程（二）

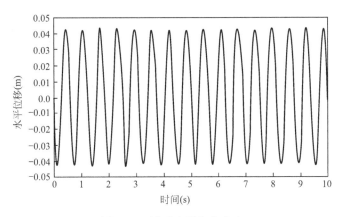

图 3-19 坡顶水平位移响应

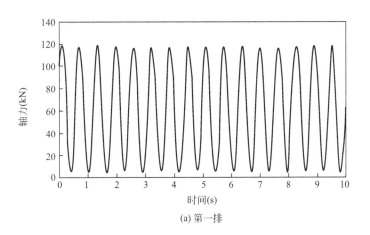

(a) 第一排

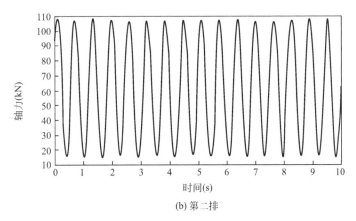

(b) 第二排

图 3-20 锚杆轴力响应（一）

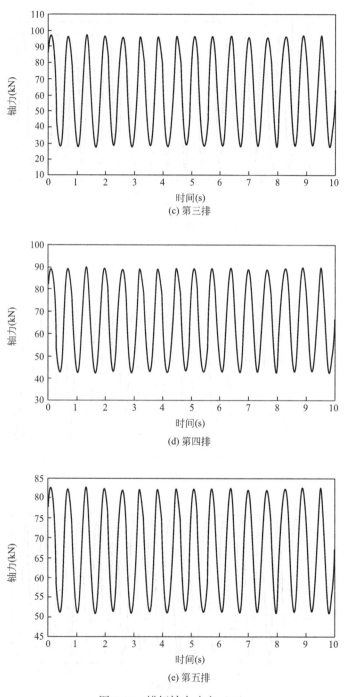

(c) 第三排

(d) 第四排

(e) 第五排

图 3-20   锚杆轴力响应（二）

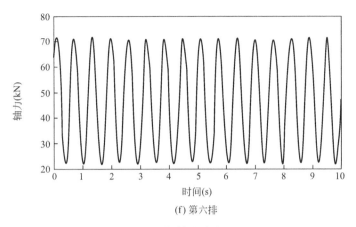

(f) 第六排

图 3-20　锚杆轴力响应（三）

（2）数值验证

各排锚杆均施加 80kN 的预应力，沿边坡高度方向，位移在地震力作用下的变化、锚杆在地震前后的最大轴力比较以及各排锚杆在地震作用下的轴力响应，分别如图 3-21～图 3-24 所示。

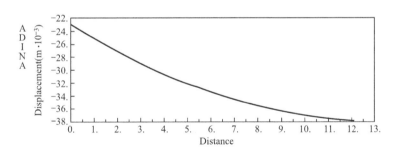

图 3-21　地震作用下沿边坡高度的位移变化

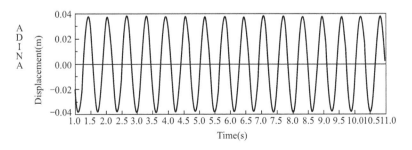

图 3-22　地震作用下坡顶位移时程曲线

53

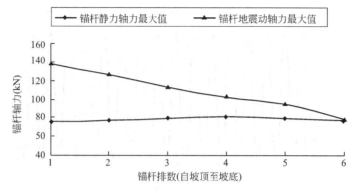

图 3-23　地震作用前后各排锚杆轴力最大值比较

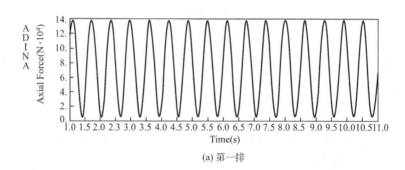

(a) 第一排

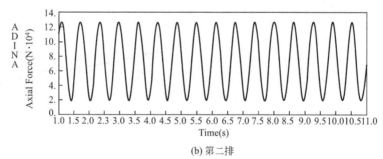

(b) 第二排

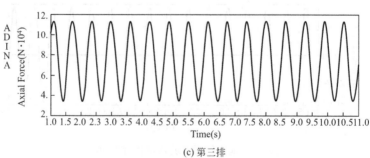

(c) 第三排

图 3-24　锚杆轴力时程（一）

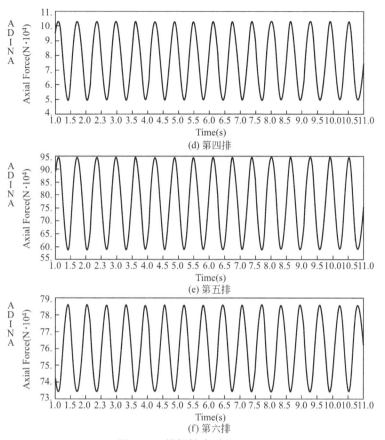

(d) 第四排

(e) 第五排

(f) 第六排

图 3-24　锚杆轴力时程（二）

3. 工况Ⅲ：锚杆施加预应力 100kN

（1）支护边坡地震响应

各排锚杆均施加 100kN 的预应力，坡顶位移响应和各排锚杆在地震作用下的轴力响应，分别如图 3-25 及图 3-26 所示。

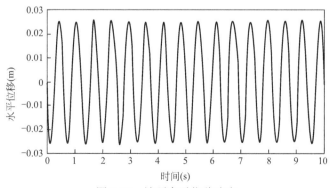

图 3-25　坡顶水平位移响应

（2）数值验证

各排锚杆均施加 100kN 的预应力，沿边坡高度方向，位移在地震力作用下的变化、锚杆在地震前后的最大轴力比较以及各排锚杆在地震作用下的轴力响应，分别如图 3-27～图 3-30 所示。

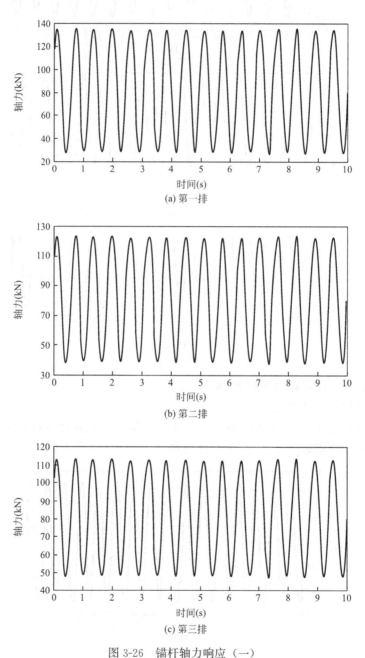

(a) 第一排

(b) 第二排

(c) 第三排

图 3-26　锚杆轴力响应（一）

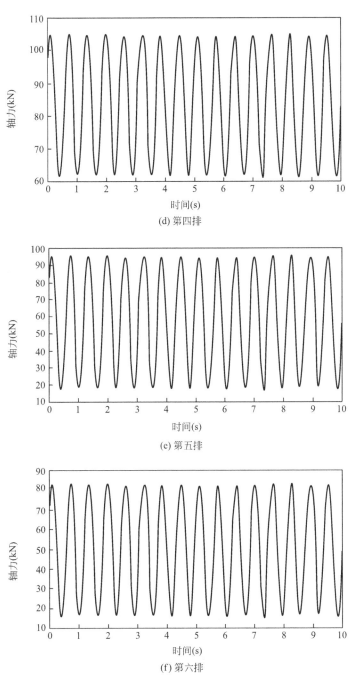

(d) 第四排

(e) 第五排

(f) 第六排

图 3-26　锚杆轴力响应（二）

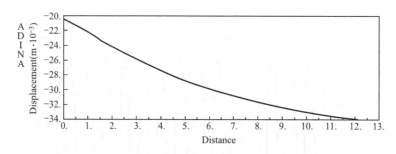

图 3-27　地震作用下沿边坡高度的位移变化

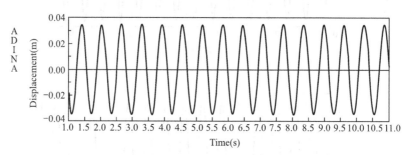

图 3-28　地震作用下坡顶位移时程曲线

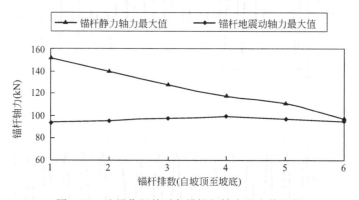

图 3-29　地震作用前后各排锚杆轴力最大值比较

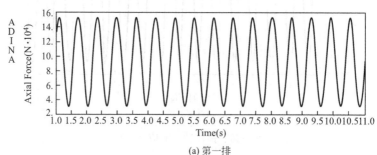

(a) 第一排

图 3-30　锚杆轴力时程（一）

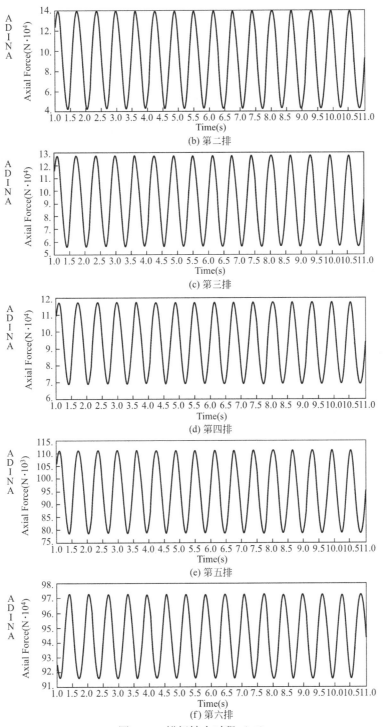

(b) 第二排

(c) 第三排

(d) 第四排

(e) 第五排

(f) 第六排

图 3-30　锚杆轴力时程（二）

3.7.4 计算结果对比分析

以上针对工况Ⅰ（锚杆施加预应力 60kN）、工况Ⅱ（锚杆施加预应力 80kN）和工况Ⅲ（锚杆施加预应力 100kN）这三种工况，分别采用本章方法和有限元数值模拟方法进行了地震动响应计算，得到如下结论：

（1）在工况Ⅰ（锚杆施加预应力 60kN）情况下：采用本章方法得到的坡顶位移峰值为 5.13cm，第一排至第六排锚杆的轴力峰值分别为 107.65kN、95.03kN、82.46kN、73.15kN、66.04kN、52.49kN。有限元模拟计算结果中，坡顶最大位移为 4.28cm，第一排至第六排锚杆的轴力最大值分别为 125.60kN、111.67kN、98.12kN、85.68kN、75.72kN、58.53kN。

（2）在工况Ⅱ（锚杆施加预应力 80kN）情况下：采用本章方法得到的坡顶位移峰值为 4.17cm，第一排至第六排锚杆的轴力峰值分别为 115.88kN、107.48kN、96.16kN、87.89kN、82.26kN、70.88kN。有限元模拟计算结果中，坡顶最大位移为 3.74cm，第一排至第六排锚杆的轴力最大值分别为 138.06kN、125.81kN、112.67kN、101.78kN、94.58kN、78.54kN。

（3）在工况Ⅲ（锚杆施加预应力 100kN）情况下：采用本章方法得到的坡顶位移峰值为 2.53cm，第一排至第六排锚杆的轴力峰值分别为 133.67kN、123.54kN、112.74kN、104.70kN、91.95kN、93.53kN。有限元模拟计算结果中，坡顶最大位移为 3.35cm，第一排至第六排锚杆的轴力最大值分别为 150.83kN、139.78kN、125.74kN、117.47kN、110.93kN、97.12kN。

经过对比，本章方法和有限元方法得出的结论是一致的，即位移从坡顶至坡底逐渐减小，锚杆轴力响应第一排最大、最后一排最小，由第一排至第六排呈逐渐减小趋势，这也说明了坡顶位移响应要比坡底位移响应大。而本章方法与有限元计算结果虽然存在一定的误差，但是结果比较接近，这些误差主要是模型的简化造成的。

3.8 本章小结

通过对框架预应力锚杆支护边坡地震动模型的建立和地震响应分析研究，可以得到以下结论：

（1）综合考虑土动力学和结构动力学的原理，并根据地震作用下边坡位移变化特点，分别建立水平地震作用下，作用于支护结构上的土压力的动力计算模型和框架预应力锚杆结构的动力计算模型，并给出了预应力锚杆在施加预应力情况下的锚杆轴力的解析解。

（2）结合工程实例，分别对施加三种预应力的工况下的支护边坡的位移响应、预应力锚杆轴力响应进行了计算和数值模拟。

（3）有限元数值模拟结果显示，地震作用下锚杆的轴力响应是围绕所施加的预应力值作往复振动的。

（4）通过不同预应力工况下边坡位移响应的对比可以发现，预应力对控制边坡变形有明显的效果，预应力值越大，边坡的变形就越小；反之，预应力值较小的时候，边坡的变形就会变大。

（5）计算模型能够实现框架、锚杆和土体的协同工作计算，保证了支护结构的安全、可靠。

（6）结果表明该计算模型对黄土地区土质均匀的边坡动力设计和分析是可行的，并给这种结构的地震作用分析和设计提供了一定的依据。

▪第4章▪

框架预应力锚杆支护黄土边坡地震动
稳定性及变形分析方法

4.1 引　　论

边坡动力反应分析的核心是边坡动力的稳定性问题。地震作用下边坡的稳定性研究是当前岩土工程与工程抗震领域的热点问题，它是同时涉及岩土工程、地震工程和工程地质的跨学科问题。对于边坡稳定性的研究，近几年来，得到了一定程度的发展，诞生了多种分析方法，如拟静力法、Newmark 滑动位移法、数值分析方法、可靠度分析法等。但是这些方法主要在纯土质边坡或岩石边坡的地震稳定性分析中得到了大量的应用，而在框架预应力锚杆支护和加固的边坡中，这些方法究竟是否也适用，还不清楚。框架预应力锚杆支护边坡是一个岩土和结构相结合的复杂的学科，在对其进行地震动力稳定性分析时，必须清楚框架预应力锚杆支护结构的作用原理和受力机理。

国内外目前对框架预应力锚杆支护结构的静力稳定性计算方法有很多种，但是这些方法都是基于不同的理论，比如，滑移面形状、框架梁柱计算单元的划分、土压力模型的选取不同，会得到不同的稳定性安全系数。一些学者根据极限平衡理论，采用圆弧滑动条分法，建立了框架预应力锚杆支护黄土边坡最危险滑移面的搜索模型，进而实现了框架预应力锚杆支护结构稳定性验算，这与以往凭借经验公式给定搜索区域的方法相比，在程序中易实现，且保证了搜索的速度和准确性[149]。目前对边坡稳定性研究采用较多的方法除了极限平衡法外，还有有限元法。动力计算中的有限元法分为两种：隐式有限元法和显式有限元法。隐式有限元法需要在每一计算时步中求解耦联的代数方程组，这对于规模庞大和非线性特征突出的复杂动力问题十分困难；而显式有限元法具有时空解耦的特性，不需要求解耦联的方程组，对于框架预应力锚杆支护边坡这类复杂的动力学问题的求解优势明显[150]。

我国属于多地震国家，占全球约 1/4 的人口承受了约 1/3 的大陆地震和约 1/2 的地震死亡人数[151]。我国虽然幅员辽阔，但是有约 2/3 的国土面积都是山地，大量的边坡都处于地震高烈度地区。随着国家西部大开发的进一步加快，越来越多的基础建设在西北地区得以开展，但是西北地区存在大量的黄土边坡，要在这些地方修建道路和房屋，就需要保证这些边坡的稳定，尤其是地震作用下边坡的稳定性。近年来，框架预应力锚杆支护技术在西北黄土边坡中得到了广泛的应用[140][141][144][145][152-154]，其对边坡的加固效果显著，对保证道路的安全畅通和人民的生活环境的安定发挥了巨大的作用。由于框架预应力锚杆支护结构属于一种新型的轻型柔性支护结构，因而在地震过程中表现出了很好的抗震性能，2008年"5·12"汶川大地震，大量的由传统挡墙支护的边坡都发生了滑坡和坍塌现象，而经由框架预应力锚杆挡墙支护和加固的边坡大都完好无损，充分说明了框架预应力锚杆挡墙在地震作用下所表现出来的安全稳定性。然而，目前国内外对框架预应力锚杆支护结构在地震动作用下的稳定性方面的研究还比较缺乏，呈现出理论研究远远落后于实践的一种现象，由于其结构形式和作用机理比较复杂，再加之锚杆预应力的存在，使得目前关于该结构加固支护的边坡在地震作用下的动力特性、抗震机理以及边坡失稳机制等方面的研究变得十分困难，还有待深入研究。

　　本章在考虑锚杆预应力对黄土边坡稳定性影响的情况下，根据土体边坡滑移面的破坏模式，建立了框架预应力锚杆支护边坡的地震稳定性数值分析模型。利用集中质量显式有限元法，将土体离散为土体静动力微元和土体预应力微元，并建立了相应的离散元动力平衡方程，分析了支护边坡在地震作用下的位移反应和滑移面上的应力场。并基于位移反应和土体应力场，提出了框架预应力锚杆支护边坡在地震作用下的稳定性安全系数计算方法。文中最后结合一工程实例验证了本章方法，这种稳定性计算方法给框架预应力锚杆支护边坡的地震动稳定性分析提供了一种新的途径。

4.2　黄土边坡稳定性及变形分析方法

4.2.1　拟静力分析方法

　　拟静力法由于其简单快捷，成为诸多边坡动力反应分析方法中使用最为广泛的方法[60]。从19世纪20年代就开始对结构的地震稳定性采用拟静力法进行分析。在地震边坡稳定性分析中，第一次使用拟静力法的是Terzaghi。之后大约到20世纪60年代中期，拟静力法开始被广泛地应用到很多土坡稳定性分析中[155][156]。

1. 稳定性系数

　　对于一个按圆弧滑动的黄土边坡[60]，将滑动区看作主动区，把作用于主动区土体上的地震力等效成一水平力，大小为 kW，水平力 kW 通过主动区土体的重心，如图 4-1 所示。边坡在地震作用下的稳定性安全系数 F_s 为[155][156]：

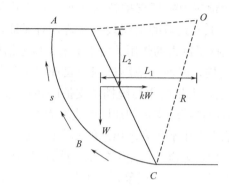

图 4-1 土坡稳定性分析简图

$$F_s = \frac{slR}{L_1 W + k L_2 W} \tag{4-1}$$

式中 l——滑移面滑弧长度，单位为 m；

s——抗滑力，单位为 kN；

k——水平地震作用系数；

W——主动区土体的重量，单位为 kg；

R——滑移面滑弧的半径，单位为 m；

L_1——主动区土体重力的力臂，单位为 m；

L_2——作用于主动区土体地震力的力臂，单位为 m。

2. 水平地震作用系数 k

用拟静力法来分析边坡的稳定性时，有两个关键问题需要解决[60]：一个是边坡滑移面的形状，另一个则是水平地震作用系数 k，也即作用于主动区土体上的水平地震加速度系数。对于 k 的确定采用图 4-2 中的方法进行简化计算[155][156]。

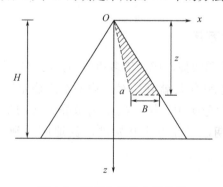

图 4-2 用于分析的 k 平均值

$$k(z,t) = k_{av}(z,t) = \frac{\ddot{u}_a(z,t)_{av}}{g} = \sum_{n=1}^{\infty} \frac{4GJ_1[\beta_n(z/H)]}{g\rho H\omega_n z J_1(\beta_n)} \cdot V_n(t) \quad (4-2)$$

从式中可以发现 k 为随深度 z 而变化的时间函数。

3. 土体屈服强度

在土质边坡的稳定性分析中，土的屈服强度也是至关重要的一个因素[60]。在土坝的稳定分析中，合理选择土的屈服强度是很重要的[155][156]。图4-3描述了土体循环屈服强度的概念，在图中最大的应力值即为屈服强度，当低于这个应力时，土体只会产生弹性变形；而高于此应力值时，土体将产生塑性变形。屈服强度的大小跟应力循环的次数与频率有关[155][156]。

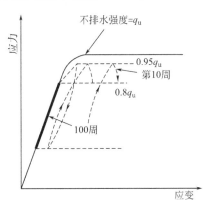

图 4-3 循环屈服强度

4.2.2 Newmark 有限滑动位移计算方法

1. 基本原理

有限滑动位移法是在 Newmark 提出的屈服加速度的概念基础上进行计算的一种方法[60]。Newmark 把土体假定为一刚塑性体，并用圆弧法进行分析。其基本原理是，将超过潜在滑动区土体加速度的加速度反应，做两次积分，进一步来估算土质边坡的有限滑动位移[155-157]，如图4-4所示。

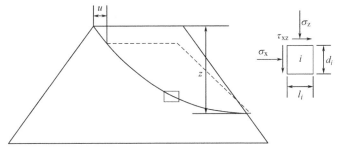

图 4-4 有限滑块位移计算原理

位于土质边坡上的滑块，在没有开始滑动之前，边坡的稳定安全系数 $F_s >$ 1。当有地震作用在边坡上时，滑动区土体处于临界状态，这个时候 $F_s = 1$，此时的地震动加速度就是屈服加速度 a_y[60]。在用拟静力法计算 a_y 时，屈服加速度 a_y 可用屈服地震系数 k_y 来表示。当滑动区土体开始滑动时，$F_s < 1$，与此同时滑动区土体也将产生速度和位移。假设地震发生时伴随多个脉冲，第一个脉冲的加速度超越 k_y 后，滑动区土体开始滑动，随之产生速度和位移。当这个脉冲的加速度减小到小于 a_y 的时候，滑动区土体的速度就减小，直至土体停止滑动[155-157]，如图 4-5 所示。

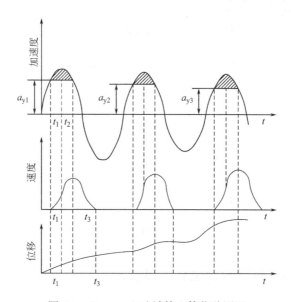

图 4-5　Newmark 法计算土体位移原理

2. 屈服加速度 a_y 的确定

当某一加速度使坡体沿着某一潜在滑动面的滑动安全系数 $F_s = 1$ 时，该加速度就称为屈服加速度，用 a_y 来表示。a_y 与重力加速度 g 的比值称为地震屈服加速度系数 k_y。k_y 的值与坡体的几何尺寸、土体不排水强度及潜在滑动体的位置等因素有关。为了能够计算出 k_y，首先需要确定土的屈服强度，土的屈服强度的确定已经在 4.2.1 节做过介绍，这里不再赘述[159]。

3. 等价地震加速度系数 k_{av} 的确定

等价地震加速度系数 $k_{av}(z, t)$ 可以用式（4-3）来定义[159]，如图 4-6 所示。

$$k_{av}(z, t) = \frac{S(z, t)}{W} \tag{4-3}$$

$$S(z,t) = \int_0^l \tau(t)\cos\alpha \, \mathrm{d}l \tag{4-4}$$

式中　$S(z,t)$——潜在滑裂面上的剪切力 $Q(t)$ 的水平分量，单位为 kN；

　　　　W——潜在滑裂面上的重力，单位为 kN；

　　　　$\tau(t)$——作用于潜在滑裂面上的剪应力，单位为 kPa；

　　　　α——潜在滑裂面与水平方向的夹角。

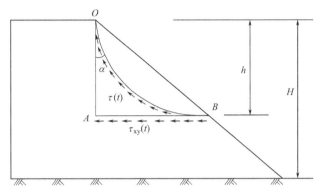

图 4-6　等价地震系数概念

当用剪切楔法来分析土体边坡的地震反应时，通常可以用式（4-5）来表示等价地震加速度系数 $k_{av}(z,t)$[159]，但是此法仅能给出 $\tau_{xy}(t)$，以图 4-6 所示折线 OAB 来代替圆弧 OB 作为滑裂面，那么 $H(t) = \tau_{xy}(t)\overline{AB}$，$W = \gamma S_{OAB} = \dfrac{1}{2}\gamma \overline{AB}h$。

$$k_{av}(z,t) = \frac{2\tau_{xy}(t)}{\gamma h} \tag{4-5}$$

式中　$\tau_{xy}(t)$——水平面上的平均剪应力，单位为 kPa；

　　　　γ——边坡土体的重度，单位为 kg/m^3；

　　　　h——边坡顶部到滑裂面滑出点的距离，单位为 m。

4. 有限滑块位移 u 的确定

在潜在的滑动土体中，当平均地震加速度、产生的惯性力的方向与滑裂面上静剪切力的水平投影方向一致时[60]，如果 $k_{av}(z,t) \leqslant k_y$，滑动体不产生滑动；如果 $k_{av}(z,t) > k_y$，滑动体就会产生滑动，滑动的方向与静剪切力的方向一致。图 4-5 为潜在滑裂面所受的水平平均地震加速度的时程曲线。在整个振动过程中，在时刻 $t = t_1$，水平平均地震加速度为 $k_y g$，从 $t = t_1$ 到 $t = t_2$ 滑动体的速度一直增加，对应的速度可通过对图中阴影部分的积分来确定。时刻 $t = t_2$ 以后滑动土体的速度就会开始递减，当 $t = t_3$ 时，对应速度减至 0。那么滑动土体的位移就

能由 $t=t_1$ 至 $t=t_3$ 之间的速度时程曲线所包含区域的积分来得到。整个地震期间总的滑动水平位移应为每次滑动的水平位移的积累[155][157]。每次滑动的水平位移 u_i 按式（4-6）计算，滑动体的总位移 u 可按式（4-7）计算[16]。

$$u_i = \iint [k_{av}(z,t) - k_y] g \, dt \, dt \tag{4-6}$$

$$u = \sum_{i=1}^{n} u_i \tag{4-7}$$

式中　　n——地震过程中滑动体的滑动次数。

4.2.3　Makdisi-Seed 的简化分析法

Makdisi 和 Seed 提出了一种简化方法计算坡体水平位移，具体步骤如下[29]：
①确定土体边坡的高度 H；②确定土体的抗剪强度参数 c，φ；③确定边坡顶部的最大加速度 $\ddot{u}_a(0)_{max}$；④确定第一自振周期 $T_1 = 2\pi/\omega_1$；⑤确定坡体中潜在滑动体的位置，根据图 4-7 确定 $k_h(z)_{max} g / \ddot{u}_a(0)_{max}$，$k_h(z)_{max}$ 为 $k_h(z,t)$ 和 $k_{av}(z,t)$ 的最大值，为 z 的最大水平平均地震加速度系数，g 为重力加速度；⑥确定屈服加速度系数 k_y；⑦确定 $\dfrac{k_y}{k_h(z)_{max}}$ 和地震震级 M；⑧由以上参数按图 4-8 得到 $\dfrac{u}{k_h(z)_{max} g T_1}$，$u$ 即为坡体的水平位移[155-157]。

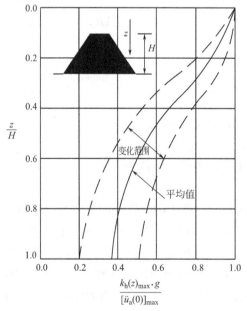

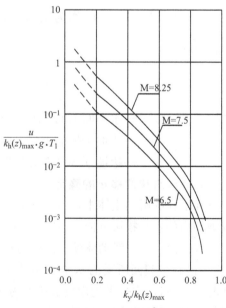

图 4-7　最大加速度比率随滑动体位置的变化　　图 4-8　$\dfrac{u}{k_h(z)_{max} g T_1}$ 随 $\dfrac{k_y}{k_h(z)_{max}}$ 的变化

4.3　基本假定

在建立框架预应力锚杆支护边坡地震动稳定性模型时，有以下假定：

①假定破坏发生于最可能的滑移面；②当应力小于破坏应力时，土是弹性的，超过破坏应力时呈绝对塑性状态；③不考虑锚杆预应力的损失；④假定最危险滑移面通过坡脚；⑤不考虑地震作用对锚杆预应力的影响。

4.4　支护边坡地震动稳定性及变形分析模型

在地震作用下，采用集中质量显式有限元法，将框架预应力锚杆支护边坡滑移面上的土体离散成若干个微元，如图 4-9 所示。图 4-9 中用 z 表示滑动土体的高度，δ 表示支护边坡土体位移。对计算区域进行有限元离散后可得到动力平衡方程[160]：

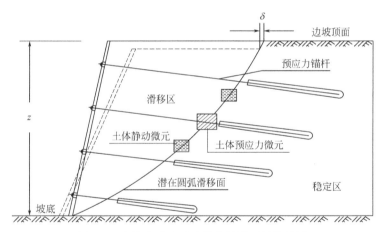

图 4-9　支护边坡地震动稳定性模型计算简图

$$[M]\{\ddot{\delta}\} + [C]\{\dot{\delta}\} + [K]\{\delta\} = -[M]\{\ddot{\delta}_g\} + [K_m]\{\delta\} \tag{4-8}$$

式中　　$[M]$——坡体的总质量矩阵，其中包含框架（横梁、立柱和挡土板）的质量；

$[C]$——坡体的总阻尼矩阵；

$[K]$——坡体的总刚度矩阵；

$[K_m]$——预应力锚杆的弹性刚度矩阵；

$\{\delta\}$、$\{\dot{\delta}\}$、$\{\ddot{\delta}\}$——分别为坡体节点的位移、速度和加速度向量；

$\{\ddot{\delta}_g\}$——地震加速度向量。

将框架预应力锚杆支护边坡进行离散，则对应于方程（4-8）具有集中质量 m_i 的节点 i，其运动平衡方程为[150]

$$m_i\ddot\delta_{ix}+c_i\dot\delta_{ix}+k_i\delta_{ix}=-m_i\ddot\delta_{gix}+k_{mi}\delta_{ix} \tag{4-9}$$

即

$$m_i\ddot\delta_{ix}+c_i\dot\delta_{ix}+(k_i-k_{mi})\delta_{ix}=-m_i\ddot\delta_{gix} \tag{4-10}$$

式中　m_i——离散微元节点 i 的集中质量；

　　　　c_i——离散微元节点 i 的阻尼；

　　　　k_i——离散微元节点 i 的刚度；

　　　　k_{mi}——预应力锚杆的单元弹性刚度；

δ_{ix}、$\dot\delta_{ix}$、$\ddot\delta_{ix}$——分别为坡体微元节点 i 在 x 方向的位移、速度和加速度；

　　　　$\ddot\delta_{gix}$——离散微元节点 i 在 x 方向的地震加速度。

阻尼采用 Rayleigh 阻尼假定：

$$c_i=\alpha m_i+\beta k_i \tag{4-11}$$

$$\alpha=\lambda\omega_s \tag{4-12}$$

$$\beta=\lambda/\omega_s \tag{4-13}$$

式中　α、β——Rayleigh 阻尼系数；

　　　　ω_s——土体的振动频率；

　　　　λ——单元的阻尼比。

对方程（4-10）的求解采用逐步积分法进行求解。假设在 $t-\Delta t$ 时刻到 t 时刻之间加速度呈线性变化，积分两次可以求得[161]：

$$\dot\delta_{it}=\dot\delta_{i(t-\Delta t)}+\frac{\Delta t}{2}\ddot\delta_{i(t-\Delta t)}+\frac{\Delta t}{2}\ddot\delta_{it} \tag{4-14}$$

$$\delta_{it}=\delta_{i(t-\Delta t)}+\Delta t\dot\delta_{i(t-\Delta t)}+\frac{(\Delta t)^2}{3}\ddot\delta_{i(t-\Delta t)}+\frac{(\Delta t)^2}{6}\ddot\delta_{it} \tag{4-15}$$

令：

$$A_{t-\Delta t}=\frac{6}{(\Delta t)^2}\delta_{i(t-\Delta t)}+\frac{6}{\Delta t}\dot\delta_{i(t-\Delta t)}+2\ddot\delta_{i(t-\Delta t)} \tag{4-16}$$

$$B_{t-\Delta t}=\frac{3}{\Delta t}\delta_{i(t-\Delta t)}+2\dot\delta_{i(t-\Delta t)}+\frac{\Delta t}{2}\ddot\delta_{i(t-\Delta t)} \tag{4-17}$$

则由式（4-14）、式（4-15）可得：

$$\ddot\delta_{it}=\frac{6}{(\Delta t)^2}\delta_{it}-A_{t-\Delta t} \tag{4-18}$$

$$\dot\delta_{it}=\frac{3}{\Delta t}\delta_{it}-B_{t-\Delta t} \tag{4-19}$$

将式（4-18）和式（4-19）代入式（4-10），经整理后可得：

$$\overline{k_i}\delta_{it}=\overline{F}_{it} \tag{4-20}$$

其中，

$$\overline{k_i} = (k_i - k_{mi}) + \frac{6}{(\Delta t)^2} m_i + \frac{3}{\Delta t} c_i \tag{4-21}$$

$$\overline{F}_{it} = (-m_i \ddot{\delta}_{gi} + f_p) + m_i A_{t-\Delta t} + c B_{t-\Delta t} \tag{4-22}$$

因此，对式（4-10）的求解就转化为对式（4-20）的求解。为了保证求解的稳定性，采用 Wilson-θ 法来进行求解。即在计算出 $t-\Delta t$ 时刻的 $\delta_{i(t-\Delta t)}$、$\dot{\delta}_{i(t-\Delta t)}$ 和 $\ddot{\delta}_{i(t-\Delta t)}$ 后，先以 $\theta\Delta t$ 为步长计算 $\tau = t-\Delta t + \theta\Delta t$ 时刻的 $\delta_{i\tau}$、$\dot{\delta}_{i\tau}$ 和 $\ddot{\delta}_{i\tau}$，然后根据 $\ddot{\delta}_{i(t-\Delta t)}$ 和 $\ddot{\delta}_{i(t-\Delta t)}$ 利用线性内插求出 t 时刻的 $\ddot{\delta}_{it}$，再由公式（4-14）和（4-15）计算 t 时刻的 $\dot{\delta}_{it}$ 和 δ_{it}。θ 为稳定因子，一般取 $\theta=1.2\sim2$。

4.5 动力稳定性系数计算

地震作用下框架预应力锚杆支护边坡的总应力状态简化为滑动区土体的自重应力状态、通过锚杆施加在土体上的预应力状态和附加地震动应力状态的叠加，黄土边坡危险滑移面上的稳定性系数为滑面上的抗滑力与滑动力之比。由于土体自重、锚杆预应力和地震动作用的影响，将土体离散微元分为土体静动力微元 i 和土体预应力微元 k，也就相应地得到了土体的静动应力场和土体预应力场，如图 4-9 和图 4-10 所示，稳定性系数时间函数可用以下公式表示：

$$K(t) = \frac{\int \tau_k(t) \mathrm{d}A}{\int \tau(t) \mathrm{d}A} \tag{4-23}$$

式中　$K(t)$——稳定性系数；
　　　$\tau_k(t)$——滑移面上任一点在 t 时刻的抗滑力；
　　　$\tau(t)$——滑移面上任一点在 t 时刻的滑动力；
　　　$\mathrm{d}A$——滑面上微元的面积。

根据库仑土压力强度理论，用有限元方法计算稳定性系数时，考虑锚杆预应力对边坡稳定性的影响，将通过锚杆传递至土体而产生的应力场称为土体预应力场，如图 4-10 微元 k 所示，土体预应力分为土体正预应力 σ_{spk} 和剪预应力 τ_{spk}，将式（4-23）表示成式（4-26）所示的离散形式：

$$\sigma_{spk} = \sigma_{pk} \sin\alpha \tag{4-24}$$

$$\tau_{spk} = \sigma_{pk} \cos\alpha \tag{4-25}$$

$$K(t) = \frac{\sum_{i=1}^{n} \{c_i + [\sigma_{ji} + \sigma_{di}(t)]\tan\varphi_i\}A_i + \sum_{k=1}^{m}(\sigma_{pk}\sin\beta)A_k}{\sum_{i=1}^{n}[\tau_{ji} + \tau_{di}(t)]A_i + \sum_{k=1}^{m}(\sigma_{pk}\cos\beta)A_k} \tag{4-26}$$

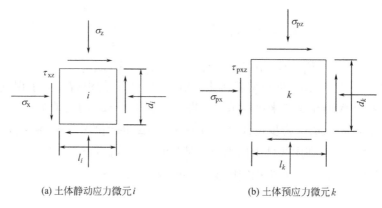

(a) 土体静动应力微元 i　　　　　　(b) 土体预应力微元 k

图 4-10　支护边坡滑移面土体应力场

式中　c_i——土单元的黏聚力，单位为 kPa；

　　　φ_i——土单元的内摩擦角；

　　　τ_{ji}——滑移面上的土单元在静力状态下的剪应力，单位为 kPa；

　　　τ_{di}——滑移面上的土单元在地震作用下的剪应力，单位为 kPa；

　　　σ_{ji}——滑移面上的土单元在静力状态下的正应力，单位为 kPa；

　　　σ_{di}——滑移面上的土单元在地震作用下的正应力，单位为 kPa；

　　　σ_{pk}——锚杆预应力，单位为 kPa；

　　　A_i——滑移面土体静动力微元面积，$A_i = l_i d_i$；

　　　A_k——土体预应力微元面积，$A_k = l_k d_k$；

　　　β——锚杆与水平面夹角；

　　　n——滑动面上的单元数；

　　　m——锚杆数。

边坡动力抗滑稳定性分析在静力计算和动力计算的基础上进行，由式（4-27）～式（4-30）求出滑弧上微元 i 的静正应力 σ_{ji} 和静剪应力 τ_{ji}、动正应力 σ_{di} 和动剪应力 τ_{di}，式（4-24）、式（4-25）给出了滑弧上土体预应力微元 k 的正应力 σ_{spk} 和剪应力 τ_{spk}，则滑弧上微元 i 的静动正应力为 $\sigma_{jdi} = \sigma_{ji} + \sigma_{di}$，微元 i 的静动剪应力 $\tau_{jdi} = \tau_{ji} + \tau_{di}$。

$$\sigma_{ji} = \frac{\sigma_{xj} + \sigma_{zj}}{2} + \sqrt{\left(\frac{\sigma_{xj} - \sigma_{zj}}{2}\right)^2 + \tau_{xzj}^2}\cos\left(2\alpha - \arctan\frac{2\tau_{xzj}}{\sigma_{xj} - \sigma_{zj}}\right) \quad (4\text{-}27)$$

$$\tau_{ji} = \sqrt{\left(\frac{\sigma_{xj} - \sigma_{zj}}{2}\right)^2 + \tau_{xzj}^2}\sin\left(2\alpha - \arctan\frac{2\tau_{xzj}}{\sigma_{xj} - \sigma_{zj}}\right) \quad (4\text{-}28)$$

$$\sigma_{dj} = \frac{\sigma_{xd} + \sigma_{zd}}{2} + \sqrt{\left(\frac{\sigma_{xd} - \sigma_{zd}}{2}\right)^2 + \tau_{xzj}^2}\cos\left(2\alpha - \arctan\frac{2\tau_{xzd}}{\sigma_{xd} - \sigma_{zd}}\right) \quad (4\text{-}29)$$

$$\tau_{di} = \sqrt{\left(\frac{\sigma_{xd} - \sigma_{zd}}{2}\right)^2 + \tau_{xzd}^2} \sin\left(2\alpha - \arctan\frac{2\tau_{xzd}}{\sigma_{xd} - \sigma_{zd}}\right) \qquad (4\text{-}30)$$

对于 4.4 节中进行逐步积分得出的节点位移，利用本构关系求出微元的应力状态。将式（4-24）、式（4-25）、式（4-27）～式（4-30）代入式（4-26），计算边坡稳定性系数时程。

边界条件

$$\delta(t)\big|_{t=0} = 0 \qquad (4\text{-}31)$$

$$\dot{\delta}(t)\big|_{t=0} = 0 \qquad (4\text{-}32)$$

土体剪切弹簧刚度[159]

$$k_i = \frac{G_i}{d_i} \qquad (4\text{-}33)$$

式中　G_i——第 i 个土体单元的动剪切模量，单位为 MPa。

土体的动剪切模量 G 采用 Seed 等人的公式，即[162]

$$G = kp^{1-n}\sigma_e'^n \frac{G}{G_{max}} \qquad (4\text{-}34)$$

式中　k、n——相应于 G_{max} 时的试验常数；

$\quad\quad\ \sigma_e'$——平均有效应力，单位为 kPa；

$\quad\quad\ p$——大气压力，单位为 kPa。

预应力锚杆弹簧刚度[19]：

$$k_{mi} = \frac{3AE_sE_cA_c}{3l_fE_cA_c + E_sAl_a}\cos^2\beta \qquad (4\text{-}35)$$

式中　A——锚杆中钢筋拉杆的截面面积，单位为 mm^2；

$\quad\quad\ A_c$——锚杆锚固体截面面积，单位为 mm^2；

$\quad\quad\ E_s$——钢筋拉杆的弹性模量，单位为 GPa；

$\quad\quad\ E_c$——锚固体组合弹性模量，单位为 GPa；

$\quad l_f$、l_a——分别为锚杆自由段长度和锚固段长度，单位为 m。

锚固体组合弹性模量：

$$E_c = \frac{AE_s + (A_c - A)E_m}{A_c} \qquad (4\text{-}36)$$

式中　E_m——锚固体中注浆体弹性模量，单位为 MPa。

4.6　数值算例

算例仍采用第 2 章工程实例。

4.6.1　稳定性及变形计算

计算参数选取如下：土的压缩模量 $E_s = 10.5\text{MPa}$，土的波松比 $\mu = 0.3$，阻尼比 $\xi = 0.005$，时间步长 $t = 0.02$，钢筋拉杆的弹性模量 $E = 2.60\text{GPa}$，锚固体中砂浆弹性模量 $E_m = 3.0 \times 10^6 \text{N/m}^2$，土体内摩擦角 $\varphi = 25°$，土体重度 $\gamma = 16.4\text{kN} \cdot \text{m}^{-3}$，土体黏聚力 $c = 18\text{kPa}$，土体极限摩阻力 $\tau = 50\text{kPa}$。场地设计基本加速度为 $0.30g$，地震加速度时程最大值为 110cm/s^2，土层剪切波速 $v_s = 280\text{m/s}$。黄土动力本构模型中的剪模比 G/G_{max} 和阻尼比 λ 的关系见表 4-1[1]，表中给出了原状黄土和强夯黄土的动剪模比和阻尼比，本工程实例中框架预应力锚杆支护的边坡主要是原状黄土边坡，因此动剪模比和阻尼比按原状黄土来取。

黄土动力本构模型中的剪模比（G/G_{max}）和阻尼比（λ）　　　　表 4-1

剪应变		1×10^{-6}	5×10^{-6}	1×10^{-5}	5×10^{-5}	1×10^{-4}	5×10^{-4}	1×10^{-3}	5×10^{-3}	1×10^{-2}	5×10^{-2}
原状黄土	G/G_{max}	0.914	0.913	0.912	0.905	0.904	0.857	0.766	0.525	0.500	0.495
	λ	0.001	0.042	0.049	0.051	0.061	0.105	0.125	0.260	0.350	0.560
强夯黄土	G/G_{max}	1.000	0.970	0.863	0.490	0.462	0.411	0.411	0.411	0.411	0.411
	λ	0.001	0.050	0.112	0.129	0.134	0.145	0.150	0.161	0.165	0.177
	G/G_{max}	1.000	0.937	0.810	0.434	0.414	0.400	0.400	0.400	0.400	0.400
	λ	0.001	0.050	0.068	0.100	0.111	0.133	0.143	0.165	0.175	0.198
	G/G_{max}	0.945	0.828	0.727	0.438	0.420	0.390	0.390	0.390	0.390	0.390
	λ	0.001	0.049	0.061	0.091	0.099	0.120	0.127	0.146	0.154	0.174
	G/G_{max}	0.949	0.830	0.715	0.422	0.411	0.380	0.380	0.380	0.380	0.380
	λ	0.001	0.073	0.089	0.103	0.110	0.124	0.131	0.145	0.151	0.165
	G/G_{max}	0.927	0.822	0.737	0.426	0.414	0.398	0.398	0.398	0.398	0.398
	λ	0.001	0.055	0.073	0.089	0.098	0.114	0.121	0.139	0.146	0.162

将以上参数带入本章方法，经计算，在抗震设防烈度 8 度地区，场地设计基本加速度为 $0.30g$，地震加速度时程最大值为 110cm/s^2 时，经支护的黄土边坡坡顶的最大位移为 10.35cm，与此相对应的稳定性安全系数 $k = 1.935$。

4.6.2　数值计算

采用有限元软件 ADINA 对本工程进行计算：模型土体本构关系采用库仑摩尔弹塑性模型，土体采用三维实体 8 节点单元，横梁和立柱采用 beam 单元，挡土板采用 shell 单元，锚杆采用 rebar 单元，并通过施加初始应变对锚杆施加预应力，土体和框架之间采用接触单元。模型尺寸为 $60m \times 25m \times 2m$，如图 4-11 所示。首先对模型在施加了预应力值的情况下进行静力分析，在静力分析的基础上，再施加 EL-Centro 地震波动力时程，并通过重启动进行地震作用计算。EL-Centro 地震波动力时程如图 4-12 所示。

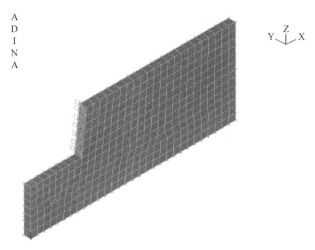

图 4-11　有限元计算模型

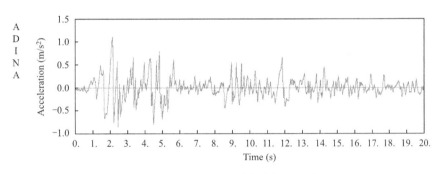

图 4-12　EL-Centro 地震波时程（m/s^2）

在有限元软件对模型静力计算的基础上，采用重启动对模型进行动力计算，并提取了坡顶节点 1 处的位移时程、速度时程和加速度时程，以及支护边坡在地震作用下土体的最大剪应力。由图 4-13～图 4-15 可得到，地震作用下坡顶的最大位移为 8.6cm，坡顶最大速度为 2.567m/s，坡顶最大加速度为 145.4m/s²。从图 4-16 可以得到动剪应力最大值为 8546kPa。

通过有限元软件分析结果与本章方法计算结果比较，两者坡顶位移有一定误差，这主要是在建立模型时进行的简化所致。为了对稳定性结果进行对比，本章给出了拟静力法的计算结果，拟静力法按照祁生文等在《岩质边坡动力反应分

75

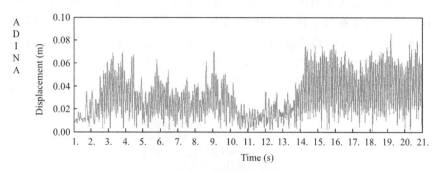

图 4-13　坡顶位移变形

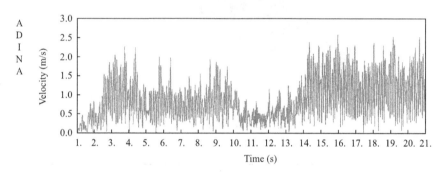

图 4-14　坡顶速度时程

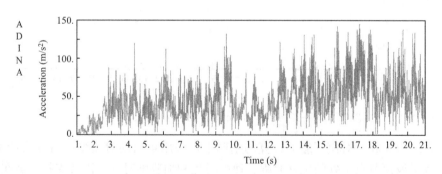

图 4-15　坡顶加速度时程

析》[158] 中的方法进行计算，计算过程中将锚杆预应力计入抗滑力中。经过计算，稳定性安全系数为 2.172。由此可得，拟静力法所得结果与本章方法所得结果不太一致，其值比本章方法计算的稳定性安全系数还要大，这是因为拟静力法没有考虑到地震特性和土体的动力特性。

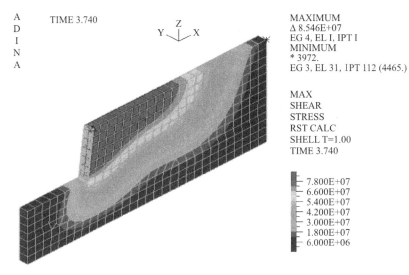

图 4-16　坡体最大动剪应力分布图

4.7　本章小结

经过对框架预应力锚杆支护边坡在地震作用下的稳定性及变形分析研究，可以得到以下结论：

（1）考虑锚杆预应力对边坡稳定性的影响，根据土体边坡滑移面的破坏模式，建立了框架预应力锚杆支护边坡的地震稳定性分析模型。并利用显式有限元法，将土体离散为土体静动力微元和土体预应力微元，建立了动力平衡方程。通过对支护边坡位移反应和应力场的分析，求解边坡的地震动稳定性安全系数。

（2）通过分析和计算表明，不管是采用本章方法还是拟静力法，由于锚杆预应力的存在，可以大大提高支护边坡在地震作用下的稳定性。因此，在进行框架锚杆挡墙设计时，必须对锚杆施加一定的预应力，进而控制边坡的变形，以提高边坡的稳定性。

（3）工程算例表明，本章方法对于土质均匀的黄土边坡是可行的，相比拟静力法，更能反映黄土支护边坡的地震作用和土的动力特性。

第5章

地震作用下框架预应力锚杆支护边坡动力响应及参数分析

5.1 引 论

随着我国西部大开发建设力度的不断加大，我国西北黄土地区要修建大量的公路、铁路和城市建（构）筑物等基础设施，随之也产生了大量的边坡工程。为了保证道路的正常运行和人民生活的安定，就需要选取合理的支护结构形式对这些边坡进行支护和加固。框架预应力锚杆柔性支护结构作为一种新型的柔性支护结构，其效果显著，在黄土边坡工程中发挥了巨大的作用，得到了越来越广泛的应用。然而框架预应力锚杆柔性支护边坡在地震作用下的理论分析还难以实现对支护参数进行系统的研究，因此采用有限元数值计算方法对其进行模拟，确定支护体系中各参数之间的定性关系，以及各种参数对支护边坡的地震响应的影响，这对黄土地区框架预应力锚杆支护边坡的设计具有较大的指导意义。

目前用于岩土工程中的数值计算有限元分析软件主要有 FLAC、ANSYS 和 ADINA 等。在边坡工程中，ADINA 可以对支护边坡的地震响应进行较好的模拟。

本章以西北黄土地区实际工程为背景，借助数值分析软件 ADINA，计算了地震作用下框架预应力锚杆支护边坡的位移响应以及锚杆轴力响应，并对影响边坡体系响应的参数进行了分析。考虑框架-锚杆-土体之间的相互作用及协同工作，建立了框架预应力锚杆支护边坡体系在地震作用下的三维有限元模型。模型中以弹塑性模型模拟土体；以双线形弹性模型模拟锚杆；土体与框架（横梁、立柱和挡土板）之间采用接触单元模拟；框架采用双线性弹性模型模拟。主要研究了地震烈度、锚杆长度、锚杆水平间距、锚杆竖向间距、边坡坡度、土体参数等对边坡位移峰值、加速度峰值、锚杆轴力以及土压力峰值等地震响应的影响。

5.2 有限元软件 ADINA

ADINA 是 Automatic Dynamic Incremental Nonlinear Analysis 的缩写[163]，

即自动动态增量法非线性分析有限元，由麻省理工学院 K. J. Bathe 的团队于 1975 年开发的结构分析软件。线性问题借助此软件可以很容易被求解，另外，该程序还可以对 Structure、Thermal 和 CFD 等其中的流固耦合复杂问题进行很好的分析，在上述方面表现出了强大的分析功能。在土木工程专业岩土工程抗震领域分析中，该软件得到了广泛的应用。其独特之处在于[163]：

（1）针对不同的分析和求解需要，可以选择的单元种类多，且输入参数简单明了。

（2）不同的要求就需要不同的材料属性，ADINA 在这一方面为用户提供了 Elastic、Plastic、Thermo、Creep 以及 CreepVariable 等材料库。

（3）可以灵活简便地求解非线性方程，同时保证了计算结果精度。

（4）Geometrical non-linearity 和 Material non-linearity 也可以利用 ADINA 进行分析。

ADINA 在进行地震作用的动力分析时，需首先对模型进行静力计算，然后再对模型重启动进行动力计算，动力计算是在静力计算的基础上进行的。建模、计算和分析过程如图 5-1 所示。

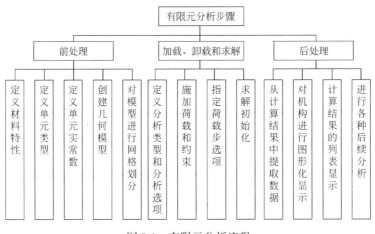

图 5-1　有限元分析流程

5.3　Mohr-Coulomb 土体本构模型

由于土体本身的复杂性，在实际工程的勘察资料中，一般只会提供 c 和 φ。1773 年，Coulomb 第一次提出了 Mohr-Coulomb 模型，他认为只要土体单元受力面的 τ 值达到极限值，土体就会随之趋于屈服极限状态，也称为破坏状态，其屈服条件和屈服曲线如图 5-2 所示。学者们通常将 Mohr-Coulomb 的破坏准则看成是弹塑性模型，土体的抗剪承载能力被重点考虑到该模型当中，其关系见式 (5-1)[164-168]：

$$f = \tau_f - c - \sigma_n \tan\varphi = 0 \tag{5-1}$$

式中　σ_n——土体单元受力面上的正应力值；

　　　n——土体单元受力面的外法线方向。

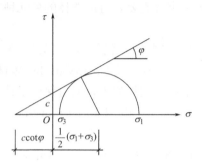

图 5-2　Mohr-Coulomb 屈服条件的 τ-σ 平面

经过进一步研究，该模型被改写成式（5-2）的关系形式，也因此得到更广泛的应用。

$$f(\sigma_1, \sigma_3) = \frac{1}{2}(\sigma_1 - \sigma_3) - \frac{1}{2}(\sigma_1 + \sigma_3)\sin\varphi - c\cos\varphi = 0 \tag{5-2}$$

式（5-2）亦可表达为：

$$(\sigma_1 - \sigma_3)_f = \frac{2c\cos\varphi + 2\sigma_3\sin\varphi}{1 - \sin\varphi} \tag{5-3}$$

在三维情况下，Mohr-Coulomb 模型通过一不等角六边形（图 5-3）表示三维情况下的关系：

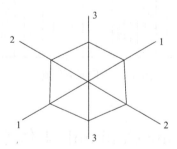

图 5-3　Mohr-Coulomb 在 π 平面上的屈服曲线

$$f(I_1, J_2, \theta') = \frac{1}{3}I_1\sin\varphi + \sqrt{J_2}\sin\left(\theta' + \frac{\pi}{3}\right) + \frac{\sqrt{J_2}}{\sqrt{3}}\cos\left(\theta' + \frac{\pi}{3}\right) - c\cos\varphi = 0$$

$$\tag{5-4}$$

式中 θ' ——通过 $\cos 3\theta' = \sqrt{2} J_3/\tau_8^3$ 来进行定义;

J_2、J_3 ——分别为应力偏张量第二、第三不变量;

I_1 ——应力张量第一不变量;

τ_8 ——八面体剪应力,单位为 kPa。

由于 Mohr-Coulomb 模型的独特性质,以及其在分析、计算以及精度方面的满意效果[169],本章选择该模型作为土体的本构模型。

5.4 动力分析有限元理论

5.4.1 动力分析方程

在有限元分析方面,动力学与静力学的区别在于,动力学问题需要考虑单元的惯性力和阻尼力等因素。运动体单位体积上的作用力一般可表示为[170][171]

$$p = p_s - \rho \ddot{u}(t) - c \dot{u}(t) \tag{5-5}$$

式中 p_s ——重力及其静体力,单位为 kN;

$\rho \ddot{u}(t)$ —— 惯性力,单位为 kN;

$c \dot{u}(t)$ —— 阻尼力,单位为 kN;

ρ ——材料密度,单位为 kg/m^3;

c ——阻尼系数。

有限单元法求解动力问题时,采用的位移模式为:

$$u = N a^e \tag{5-6}$$

式中 N ——位移插值函数;

a^e ——单元节点参数。

将结构进行离散,由各节点的单元刚度矩阵、位移矩阵、质量矩阵和荷载矩阵,可以得到结构的整体动力方程:

$$M \ddot{u}(t) + C \dot{u}(t) + K u(t) = Q(t) \tag{5-7}$$

式中 $\ddot{u}(t)$、$\dot{u}(t)$、$u(t)$ ——分别为系统的节点加速度向量、速度向量和位移矢量;

M、C、K、$Q(t)$ ——分别为系统的质量矩阵、阻尼矩阵、刚度矩阵和节点荷载向量。

$$M = \sum_e M^e, C = \sum_e C^e, K = \sum_e K^e, Q = \sum_e Q^e \tag{5-8}$$

其中

$$\left. \begin{array}{l} M^e = \int_{V_e} \rho N^T N \mathrm{d}V, C^e = \int_{V_e} \mu N^T N \mathrm{d}V \\[3mm] K^e = \int_{V_e} B^T D B \mathrm{d}V, Q^e = \int_{V_e} N^T f \mathrm{d}V + \int_{S_\sigma^e} N^T T \mathrm{d}s \end{array} \right\} \tag{5-9}$$

式中 B——应变矩阵；

D——弹性矩阵。

通过对动力方程的求解，就可以得到所研究系统或体系的动力响应，这些动力响应主要是指速度响应、加速度响应、位移响应及动荷载下的应力、变形。

5.4.2 动力运动方程的解法

式（5-7）通常用直接积分法和振型分解叠加法求解[172]。

振型叠加法是利用多自由度系统的固有频率和振型特性，将结构动力响应分解为各个振型分量，对各个振型分量分别求解后叠加得到实际的响应。

直接积分法对运动方程不进行方程形式的变换而直接进行逐步数值积分。动力有限元直接积分法是基于以下两个概念：（1）不要求在求解时刻 $0 < t < T$ 内的任何 t 都满足运动方程，而是需要在规定的 $t + \Delta t$ 时刻满足运动方程；（2）在一定量的 Δt 时间区间内，以函数的形式假定速度和加速度，同时位移也需要相应的假定，然后再根据这些假设条件，选用具体的、合适的直接积分方法。

目前研究者们使用的直接积分方法有很多种[150]，每位学者都是根据其不同的收敛性与不同的稳定性来选用合适的方法。工程中常用的有线性加速度法、常平均加速度法、Newmark 法、Wilson-θ 法等。Wilson-θ 法在第四章中已做了简单介绍，在此不再赘述。下面分别介绍线性加速度法、常平均加速度法和 Newmark 法。

1. 线性加速度法

线性加速度法的格式是自起步逐步积分，其条件稳定。这种方法假设在一时间区域 $[t, t + \Delta t]$ 内，加速度 $\ddot{u}$ 呈线性变化的形式，即：[150]

$$\ddot{u}(\tau) = \ddot{u}^{P} + \frac{\ddot{u}^{P+1} - \ddot{u}^{P}}{\Delta t}(\tau - t), t \leqslant \tau \leqslant t + \Delta t \tag{5-10}$$

对式（5-10）进行积分可得到 $P+1$ 时刻的速度和位移表达式：

$$\dot{u}^{P+1} = \dot{u}^{P} + \Delta t \ddot{u}^{P} + \frac{1}{2} \Delta t (\ddot{u}^{P+1} - \ddot{u}^{P}) \tag{5-11}$$

$$u^{P+1} = u^{P} + \Delta t \dot{u}^{P} + \frac{1}{2} \Delta t^{2} \ddot{u}^{P} + \frac{1}{6} \Delta t^{2} (\ddot{u}^{P+1} - \ddot{u}^{P}) \tag{5-12}$$

求解由式（5-11）、式（5-12）和动力方程（5-7）在 $P+1$ 时刻的平衡方程：

$$M\ddot{u}^{P+1} + C\dot{u}^{P+1} + Ku^{P+1} = Q^{P+1}(t) \tag{5-13}$$

组成的线性方程组就可以计算得到 $\ddot{u}^{P+1}$，进一步由式（5-11）和式（5-12）得到 $\dot{u}^{P+1}$、u^{P+1}。

2. 常平均加速度法

常平均加速度法的格式亦为自起步逐步积分，但其是无条件稳定。这种方法假设在一时间区域 $[t, t + \Delta t]$ 内，加速度 $\ddot{u}$ 是常量，即：[150]

$$\ddot{u}(\tau) = \frac{\ddot{u}^{P+1} + \ddot{u}^{P}}{2}, t \leqslant \tau \leqslant t + \Delta t \tag{5-14}$$

与上节线性加速度法相似，动力方程（5-7）的常平均加速度法的逐步积分格式可以容易被求解。

3. Newmark 方法

Newmark 方法是 Newmark 在线性加速度方法的基础上提出的一种直接积分方法[150]。它假定速度及位移可以用下面的差分公式表示：

$$\dot{u}^{P+1} = \dot{u}^{P} + \Delta t \left[(1-\delta) \ddot{u}^{P} + \delta \ddot{u}^{P+1} \right] \tag{5-15}$$

$$u^{P+1} = u^{P} + \Delta t \dot{u}^{P} + \Delta t^{2} \left[(0.5 - \alpha) \ddot{u}^{P} + \alpha \ddot{u}^{P+1} \right] \tag{5-16}$$

式中　δ、α——积分格式精度及稳定性的控制参数。

利用假定式（5-15）和式（5-16）就可以得到求解动力方程式（5-7）的积分，经过一步步地积分形成一积分群。当 $\delta = 0.5$ 时，其计算精度为二阶，否则为一阶。当 δ、α 满足条件 $\delta \geqslant 0.5$，$\alpha \geqslant 0.25 \cdot (0.5 + \delta)^{2}$ 时，Newmark 方法为一无条件稳定的自起步逐步积分格式；当 $\delta = 0.5$，$\alpha = 1/6$ 时，Newmark 方法退化为线性加速度法；当 $\delta = 0.5$，$\alpha = 0.25$ 时，Newmark 方法退化为常平均加速度法，即所谓的 Newmark 常平均加速度方法。

5.5　动力方程中阻尼的计算

阻尼是指系统耗损能量的能力[173]，受质点的应变率或速度影响的阻尼，称为黏性阻尼，这种阻尼其作用方向与速度方向相反，单元黏性阻尼的表达式为：

$$C^{e} = \int_{V_{e}} \mu N^{T} N dV \tag{5-17}$$

另一种阻尼是由于材料内摩擦而引起的结构阻尼，该阻尼与应变速度成正比，其方向与应力方向相同，表达式为：

$$C^{e} = \mu \int_{V_{e}} B^{T} D B dV \tag{5-18}$$

由于土体自身材料的塑性变形、土体内部颗粒之间的摩擦，以及土体自身黏聚特性的影响，引起了土中的材料阻尼。而土体的黏性在某些土体模型中却没有被反映出来，只是假定土中的质量和刚度成正比，这种情况的阻尼称为 Rayleigh 阻尼，Rayleigh 阻尼理论将阻尼简化为 M 和 K 的象形组合，其表达式见式（4-10）、式（4-11）和式（4-12）。

当缺少由实验实测数据提供的土体阻尼比 ξ 时，阻尼比 ξ 可以按式（5-19）估算[1]：

（1）衰减系数 $\bar{a}$

$$\bar{a} = \ln \frac{\dfrac{A_1 R_1}{A_2 R_2}}{R_2 - R_1} \tag{5-19}$$

式中　A_1、A_2——分别为两个不同接受孔波记录到的振幅，单位为 m；

　　　　R_1、R_2——分别为相应接收孔与振幅的距离，单位为 m。

（2）对数衰减系数 $\bar{\delta}$

$$\bar{\delta} = \frac{\bar{a} V}{f} \tag{5-20}$$

式中　V——体波波速，单位为 m/s；

　　　　f——频率，单位为 Hz。

5.6　有限元地震动输入

有限元分析过程中，研究体系的地震动响应与所输入的地震波有关，因此，选取何种地震波对分析结构的安全性和可靠性有很直接的影响。常用的有比例法和三角级数法。

5.6.1　比例法

比例法是一种地震记录，它需要符合地震条件、地震参数及地质要求。当地震参数不完全符合要求时，需要将 a 与 t 分别乘以适当的常数，从而使其满足各项要求[120]。比例法通过调整加速度与时间参数，来满足地震波加速度最大峰值和相应的卓越周期。假设所求的地震具有最大加速度 $a_{\max}^0$，卓越周期 T^0，持续时间 T_d^0。首先针对震源机制、震级、震中距离及地质条件，选择尽可能满足地震与地震机制条件的地震记录 $a(t)$；然后采用两个比例常数 a^0/a 和 T^0/T，分别对 $a(t)$ 的两个坐标进行调整，从而完全满足最大加速度和卓越周期的要求。如图 5-4 所示，图中地震波为常用的美国 EL-Centro 地震波，即通过比例法得到的加速度时程。

5.6.2　三角级数法

三角级数法在合成地震波时，需要在三角级数的基础上，首先形成一平稳高斯过程，然后再把这个平稳的高斯过程转化成一非平稳的加速度时程曲线，在这个过程中则需要乘以一个强度包络线[174]。常用的模型为：

$$\ddot{X}(t) = f(t) \sum_{k=0}^{n} A_k \cos(\omega_k t + \psi_k) \tag{5-21}$$

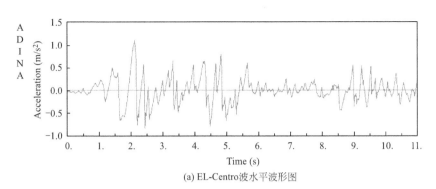

(a) EL-Centro波水平波形图

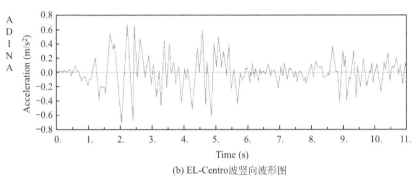

(b) EL-Centro波竖向波形图

图 5-4　EL-Centro 波波形图

式中　$f(t)$——强度包络线；

A_k、ω_k——分别为第 k 个频率分量的幅值和频率；

ψ_k——（0，2π）区间内均匀分布的随机相位角。

令 $a(t)$ 为：

$$a(t) = \sum_{k=0}^{n} C_k \cos(\omega_k t + \psi_k) \tag{5-22}$$

式中　$a(t)$——具有零均值和功率谱密度函数 $S(\omega)$ 的高斯平稳随机过程；

A_k——由给定的功率谱密度函数 $S(\omega)$ 求得。

$$\left.\begin{array}{c} A_k = \left[4\Delta\omega S(\omega_k)\right]^{\frac{1}{2}} \\ \Delta\omega = \dfrac{2\pi}{T} \\ \omega_k = \dfrac{2\pi k}{T} \end{array}\right\} \tag{5-23}$$

式中　T——总的持续时间。

反应谱和功率谱的转化关系如式（5-24）所示：

$$S(\omega) = \frac{\xi}{\pi\omega} \frac{\left[S_a^T(\omega)\right]^2}{\ln\left[\dfrac{-\pi}{\omega T}\ln(1-p)\right]} \tag{5-24}$$

式中 S_a^T——一个事先给定的目标加速度反应谱；

ξ——体系的阻尼比；

p——体系的反应超越概率，通常情况下可取 $p \leqslant 0.15$。

$f(t)$ 为确定的强度包络线函数，通常称为渐进非平稳过程，用以考虑加速度的非平稳性。$f(t)$ 的形式为：

$$f(t) = \begin{cases} (t/t_1)^{\lambda_1} & 0 \leqslant t \leqslant t_1 \\ 1 & t_1 \leqslant t \leqslant t_2 \\ e^{-\lambda_2(t-t_2)} & t_2 \leqslant t \end{cases} \tag{5-25}$$

式中 λ_1、λ_2——均为常数。

则地震动时程就可以利用式（5-25）与式（5-22）相乘得到。

通过上述过程而得到的时程反应谱与给定的目标反应谱有一定的差别，为了提高精度，还需进行多次迭代来调整，可以按下式进行调整：

$$S^{i+1}(\omega_k) = \frac{S_a^T(\omega_k)}{S_a(\omega_k)} S^i(\omega_k) \tag{5-26}$$

式中 $S_a(\omega_k)$——拟合时程反应谱；

$S^i(\omega_k)$——第 i 次迭代的结果。

在实际分析设计工程中，计时程的目标谱需要根据实际工程，结合场地的地震危险性评价结果，根据场地的岩土工程环境，还要依据满足工程设计要求的规范谱[175]，最后合成需要的目标谱。根据上述方法合成的地震波波形如图 5-5 所示。

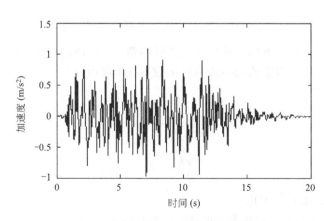

图 5-5 三角级数法合成地震波波形图

5.7 框架预应力锚杆支护边坡动力响应及参数分析

5.7.1 建立数值有限元分析模型

以第二章工程实例为背景，采用第三章的支护方案及设计结果。在实际工程中，对所有锚杆均施加了100kN的预应力。取边坡深度的4～10倍范围作为计算区域[176]，从而使边界对地震响应的影响程度降到最低。据此，本章建立的数值计算模型以坡高的5倍作为侧向边界。

在实际建模中，土体采用3D-SOLID 8节点单元，本构关系采用Mohr-Coulomb屈服准则，锚杆单元设置成Rebar，锚杆的材性设置成弹塑性双线性，框架（横梁和立柱）采用Beam单元，挡土板采用Shell单元，以线弹性来设置框架和挡土板的材料，土体和挡土板之间、土体和框架之间设置接触单元，模型底部设置成固定边界，前、后、左、右四个面定义为滑移边界。模型尺寸为60m×12m×25m，如图5-6所示。支护结构模型如图5-7所示。输入地震波采用本章5.6.1中提到的EL-Centro波，如图5-4所示。

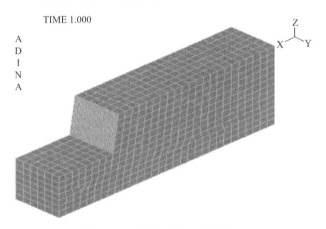

图5-6 有限元整体计算模型

5.7.2 模拟计算结果

本章动力分析是以经框架预应力锚杆结构支护后的边坡应力状态为初始应力状态，框架预应力锚杆支护结构在静力作用下所产生的变形等因素在这里不予考虑，这里的地震作用是指EL-Centro地震波在水平和竖向的双向地震作用，在本章有限元模型里即为x向和z向作用。

1.地震作用前后预应力锚杆轴力变化

图5-8和图5-9为双向地震作用前后第一排和第三排锚杆轴力云图，地震作

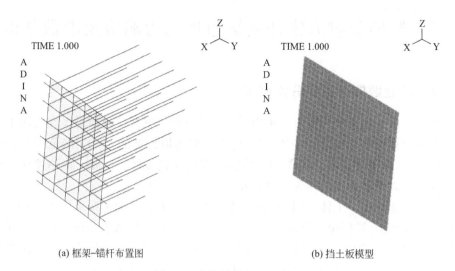

(a) 框架-锚杆布置图 (b) 挡土板模型

图 5-7 支护结构布置示意图

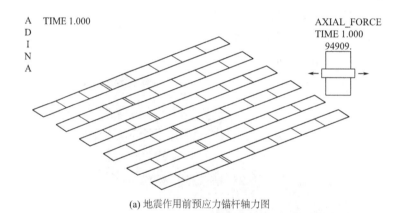

(a) 地震作用前预应力锚杆轴力图

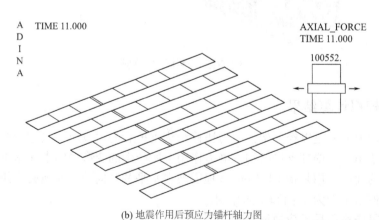

(b) 地震作用后预应力锚杆轴力图

图 5-8 第一排预应力锚杆地震前后轴力图

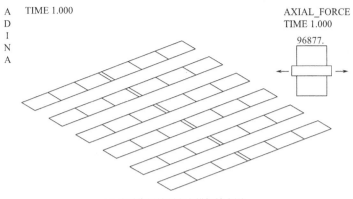

(a) 地震作用前预应力锚杆轴力图

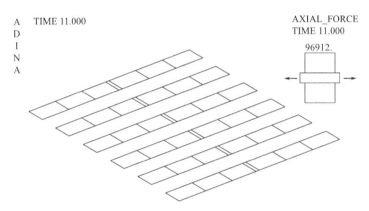

(b) 地震作用后预应力锚杆轴力图

图 5-9 第三排预应力锚杆地震前后轴力图

用前是指静力作用计算完，即 $t=1.0$s 的时刻；地震作用后是指所设定的地震作用时间完成后，即 $t=11.0$s 的时刻。由于篇幅限制，其他各排锚杆轴力在地震前后的变化如表 5-1 所示。结果显示，地震作用前后轴力变化不大，轴力云图也比较相似，但实际在计算过程中锚杆的轴力是随着时间而变化的，这里仅给出了地震作用前和地震作用完成后锚杆的轴力云图。由于锚杆轴力无明显变化，因此，在 11s 的计算时间内，整个体系还处于弹性阶段，边坡没有产生永久位移。

第一～第六排预应力锚杆双向地震作用前后轴力变化 　　　表 5-1

	第一排	第二排	第三排	第四排	第五排	第六排
地震作用前(N)	94909	95035	96877	98446	100961	94893
地震作用后(N)	100552	96382	96912	97813	99396	94463

2. 地震作用下预应力锚杆轴力响应

5.7.2 节的第一部分给出了地震作用前后各排锚杆的轴力图，而锚杆轴力在地震作用过程中的变化情况却不能反映出来。为了使锚杆轴力在地震作用过程中随时间的变化情况能够反映出来，可以在后处理分析结果里，在每根锚杆上指定一节点或单元为参考点，然后进一步提取出所选参考点的轴力时程。这样就可以很容易地得到地震作用前后，各排锚杆轴力最大的单元，分别为：第一排锚杆 Element 9、第二排锚杆 Element 8、第三排锚杆 Element 7、第四排锚杆 Element 6、第五排锚杆 Element 6、第六排锚杆 Element 24。图 5-10（a）～（f）分别为对应单元在地震作用过程中的轴力响应时程。从图可以看出，地震作用下，锚杆轴力随时间呈明显的波动趋势，但大小始终围绕所施加的预应力值波动。在地震作用过程中，各排锚杆对应单元的轴力的最大值分别为 148.51kN、145.11kN、136.12kN、123.09kN、116.01kN、108.70kN，相比地震作用前的 90.65kN、92.32kN、92.75kN、94.10kN、94.70kN、94.70kN，分别增加了 57.86kN、52.79kN、43.37kN、28.99kN、21.31kN、18.0kN。从这里可以发现，从坡顶至坡底，第一排锚杆轴力响应值最大，最后一排轴力响应值最小，呈递减趋势。

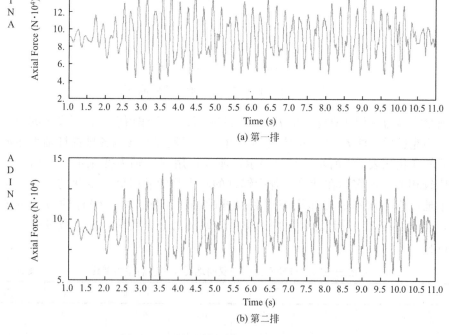

图 5-10　预应力锚杆轴力动力时程（一）

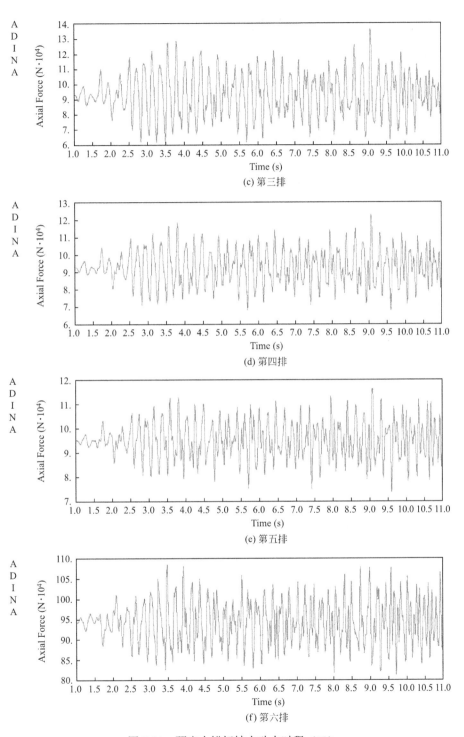

(c) 第三排

(d) 第四排

(e) 第五排

(f) 第六排

图 5-10 预应力锚杆轴力动力时程（二）

5.7.3 支护边坡地震动响应及参数分析

1. 烈度对地震响应的影响

以工程实例为背景，分别计算了抗震设防烈度为 7 度、8 度和 9 度时的边坡响应。依据《建筑抗震设计规范》GB 50011—2010 规定，这三种工况时程分析所用地震加速度最大值分别为 0.15g（55cm/s²）、0.30g（110cm/s²）、0.15g（55cm/s²）。计算结果表明，烈度对边坡位移峰值、加速度峰值、各排锚杆轴力峰值以及土压力峰值的影响都是十分明显的。图 5-11～图 5-14 反映了设防烈度分别在 7 度、8 度和 9 度的时候，支护边坡体系在地震作用下的位移峰值、加速度峰值、各排锚杆轴力峰值和土压力峰值。从图中可以发现，边坡位移峰值、加速度峰值、各排锚杆轴力峰值和土压力峰值，随着烈度的增大而增大。另外可以看出，边坡位移、加速度、锚杆轴力和土压力，在坡顶处响应值为最大，在坡底处响应值为最小，从坡顶至坡底逐渐减小。

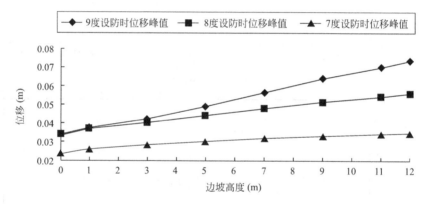

图 5-11　烈度对边坡位移峰值的影响

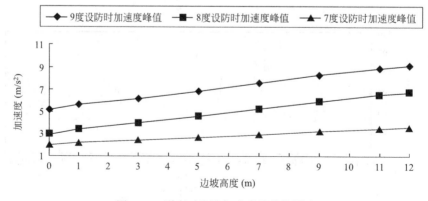

图 5-12　烈度对边坡加速度峰值的影响

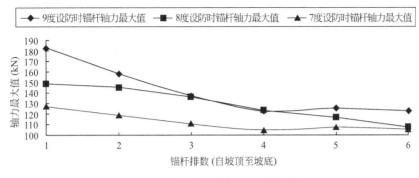

图 5-13 烈度对各排锚杆轴力的影响

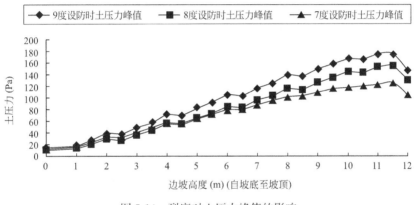

图 5-14 烈度对土压力峰值的影响

2. 锚杆长度对地震响应的影响

在本章工程实例的基础上，研究了三种不同锚杆长度的工况下，边坡的地震响应，三种工况如表5-2所示，表中锚杆排数自坡顶算起。

不同工况的锚杆长度　　　　　　　　　　　　　　表 5-2

锚杆排数	锚杆长度（m）		
	工况一	工况二	工况三
1、2	16	15	14
3、4	15	14	13
5、6	14	13	12

图 5-15～图 5-18 分别显示了边坡位移峰值、加速度峰值、各排锚杆轴力峰值和土压力峰值与锚杆长度的关系。从图中可以发现，边坡位移峰值、加速度峰值、各排锚杆轴力峰值和土压力峰值，均随着锚杆长度的增加而减小。

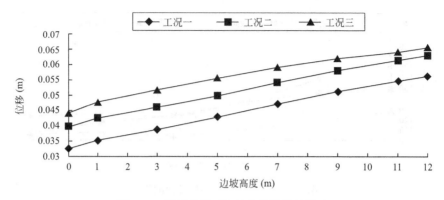

图 5-15 锚杆长度对边坡位移峰值的影响

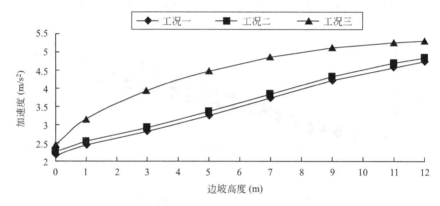

图 5-16 锚杆长度对边坡加速度峰值的影响

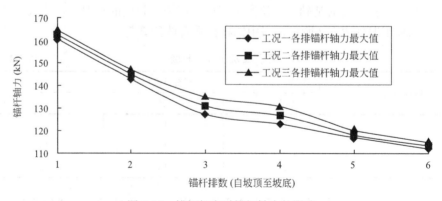

图 5-17 锚杆长度对锚杆轴力的影响

3. 锚杆间距对地震响应的影响

从大量的实际工程中发现，锚杆间距的大小对边坡静力稳定性及边坡的位

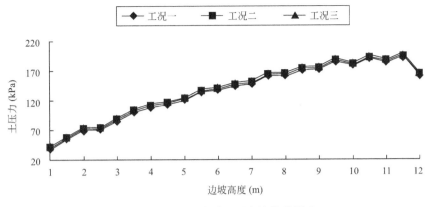

图 5-18 锚杆长度对土压力峰值的影响

移、锚杆轴力和土压力值都有很大的影响。静力作用下锚杆水平间距的影响要比竖向间距的影响明显[131]。而在地震作用下，锚杆间距对边坡位移峰值、加速度峰值、各排锚杆轴力峰值和土压力峰值的影响方面的研究和分析还比较少，本小节对此问题进行了数值计算。图 5-19～图 5-22 为锚杆水平间距对地震响应的影响，分三种工况，即水平间距分别为 2.0m、2.5m、3.0m；图 5-23～图 5-26 为锚杆竖向间距对地震响应的影响，分三种工况，即竖向间距分别为 2.0m、2.5m、3.0m。从图中可以发现，在地震作用下，不管是水平间距还是竖向间距，边坡位移峰值、加速度峰值、各排锚杆轴力峰值和土压力峰值都随着间距的增大而增大，而水平间距的影响增大幅度要比竖向间距的影响增大幅度更为明显。

（1）锚杆水平间距对地震响应的影响

（2）锚杆竖向间距对地震响应的影响

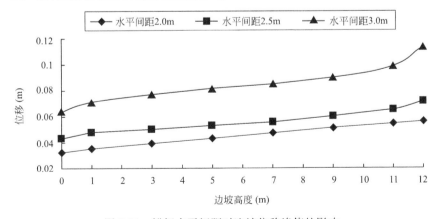

图 5-19 锚杆水平间距对边坡位移峰值的影响

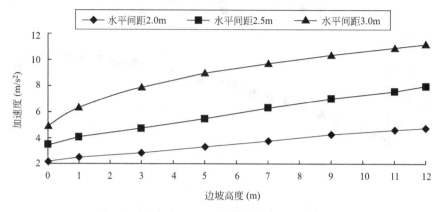

图 5-20 锚杆水平间距对边坡加速度峰值的影响

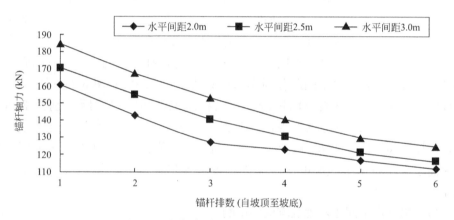

图 5-21 锚杆水平间距对锚杆轴力的影响

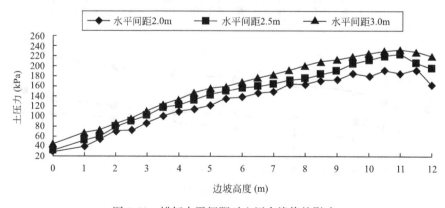

图 5-22 锚杆水平间距对土压力峰值的影响

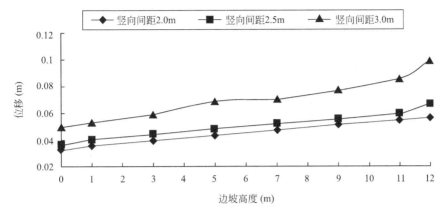

图 5-23 锚杆竖向间距对边坡位移峰值的影响

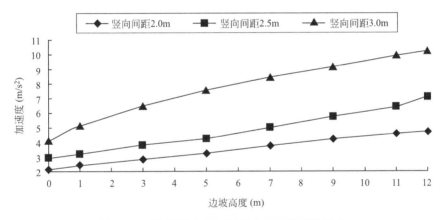

图 5-24 锚杆竖向间距对边坡加速度峰值的影响

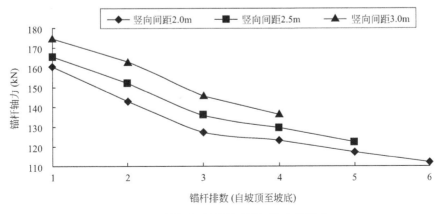

图 5-25 锚杆竖向间距对锚杆轴力的影响

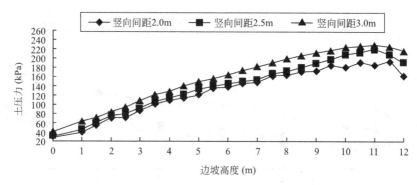

图 5-26 锚杆竖向间距对土压力峰值的影响

4. 边坡坡度对地震响应的影响

图 5-27～图 5-30 给出了地震作用下边坡坡度的变化对边坡位移峰值、加速度峰值、各排锚杆轴力峰值和土压力峰值的影响。考虑了三种工况，即边坡坡度分别为 60°、70°、80°。图中结果表明，随着边坡坡度的增加，边坡位移峰值、加速度峰值、各排锚杆轴力峰值和土压力峰值也会相应增加。

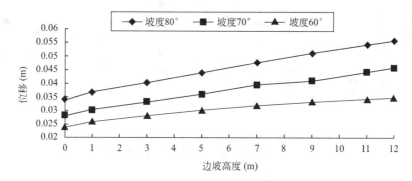

图 5-27 边坡坡度对边坡位移峰值的影响

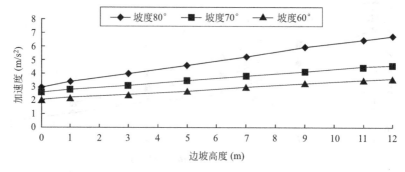

图 5-28 边坡坡度对边坡加速度峰值的影响

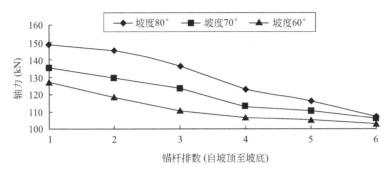

图 5-29 边坡坡度对锚杆轴力的影响

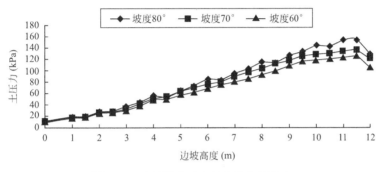

图 5-30 边坡坡度对土压力峰值的影响

5. 土体参数对地震响应的影响

在边坡工程中，土体参数对边坡各种安全性和可靠度指标有重要影响，为了能够了解土体物理参数对边坡地震响应的影响规律，本小节对支护边坡体系进行了土体参数的敏感性分析，即将 c、φ 值按比例进行放大或缩小，然后再分别计算相应的位移峰值、加速度峰值、各排锚杆轴力峰值和土压力峰值，并进行对比分析。

图 5-31～图 5-34 给出了 c、φ 值放大和缩放 10％时地震作用下边坡坡度的变

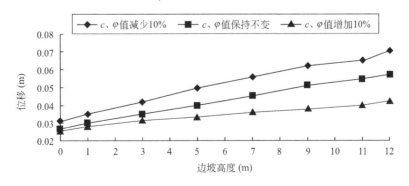

图 5-31 土体参数对边坡位移峰值的影响

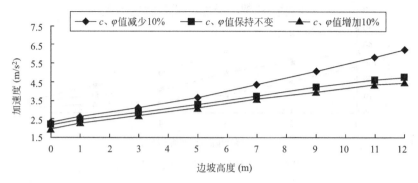

图 5-32　土体参数对边坡加速度峰值的影响

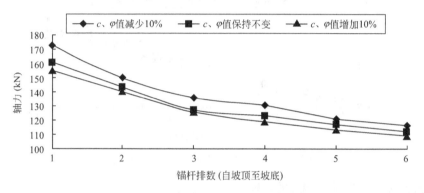

图 5-33　土体参数对锚杆轴力的影响

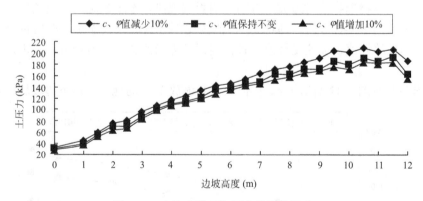

图 5-34　土体参数对土压力峰值的影响

化对边坡位移峰值、加速度峰值、各排锚杆轴力峰值和土压力峰值的影响。通过图中结果对比可发现，c、φ 增大时，边坡位移峰值、加速度峰值、各排锚杆轴力峰值和土压力峰值则减小。

5.8　本章小结

通过一工程实例，对框架预应力锚杆支护边坡的地震动响应和参数进行了分析，并得到以下结论：

（1）边坡位移峰值、加速度峰值、各排锚杆轴力峰值和土压力峰值，均随着烈度的增大而增大。另外，边坡位移、加速度、锚杆轴力和土压力在坡顶处响应值为最大，在坡底处响应值为最小，从坡顶至坡底逐渐减小。

（2）边坡位移峰值、加速度峰值、各排锚杆轴力峰值和土压力峰值，均随着锚杆长度的增加而减小。

（3）在地震作用下，不管是水平间距还是竖向间距，边坡位移峰值、加速度峰值、各排锚杆轴力峰值和土压力峰值都随着间距的增大而增大，而水平间距的影响增大幅度要比竖向间距的影响增大幅度更为明显。

（4）随着边坡坡度的增加，边坡位移峰值、加速度峰值、各排锚杆轴力峰值和土压力峰值也会相应增加。

（5）随着 c、φ 的增大，边坡位移峰值、加速度峰值、各排锚杆轴力峰值和土压力峰值则减小。

（6）数值分析的结果表明，框架预应力锚杆支护结构具有很好的抗震性能。

第6章

在单级加固边坡工程中的应用及动力分析

6.1 白龙江林管局迭部林业局中村花园住宅小区边坡治理

6.1.1 工程概况

中村花园住宅小区场地位于兰州市城关区大砂坪、北辰花园西侧、迭部林业局兰州北山林场苗圃基地院内。场地东西宽约 37.0～140.0m，南北长约458.0m，场地内建筑物为 13 栋 2～33 层高低不一的建筑及地下车库。1 号～3号楼（7 层高）位于边坡 K7～K10 段北侧，其中 3 号楼距边坡最近，其距离约为9.7m；5 号楼（4 层高）和 6 号楼（22 层高）位于边坡 K5～K6 段东侧，距离边坡 15m；9 号楼（14 层高）、10 号楼（22 层高）和 12 号楼（28 层高）位于K1～K5 段东侧，其中 9 号楼距离边坡约 12m，10 号楼距离边坡 18m，12 号楼距离边坡 15m；11 号楼（33 层高）位于边坡 K13～K14 段东侧，距离边坡约 8.5m。

考虑边坡的永久性安全、立面美观以及和周围环境的协调，拟对边坡进行加固处理。根据边坡的高度及破坏后果，由《建筑边坡工程技术规范》确定边坡安全等级为一级。

6.1.2 工程地质条件

（1）地形地貌

中村花园住宅小区场地为山地冲沟地貌，场地原始地形地貌条件较复杂。场地分为 4 级台地，人工挖填形成，每级台地地面较平坦。场地南部、北部基本为挖方区域，场地中部原始地貌为冲沟，现为填方区域。场地基本地震烈度为8 度。

（2）地层岩性

根据勘探资料和地质调查情况，现将场地周边各段边坡坡体地层岩土特征自上至下分为：①填土层，呈黄褐色，土质不均匀，以粉土为主，其中含大量基岩碎块，呈欠固结状态，性质不均，且土层中间存在架空现象，厚度和密度变化较大，压缩变形大，并具有严重湿陷性，强度低，物理力学性质差。稍湿，稍密。一般厚度为 7.00~20.70m。②黄土状粉土层，呈褐黄色，土质较均匀，孔隙、虫孔较发育，具水平层理，含白色钙质条纹，局部含有粉砂。无光泽，干强度低，韧性低，摇振反应中等，稍湿，稍密。厚度一般为 1.50~47.00m。③砂质泥岩层，为半成岩，褐红色，矿物成分以长石、石英、绿泥石、高岭石、白云母等为主，泥钙质胶结，岩体呈厚层状结构，岩石呈碎屑构造、块状构造，微裂隙及风化裂隙较发育，致密。遇水易软化，岩体基本质量等级为Ⅴ-Ⅳ级。强风化深度一般在 2.70~4.30m 之间，上覆地层主要为第四系堆积物，二者呈不整合接触。

（3）地下水

该场地地下水埋藏较深，勘察期间在勘察深度内未见地下水，但基岩裂隙较发育，且无规律，有可能赋存无规律的基岩裂隙水；同时，因该场地部分区域回填了大量基岩碎块，大气降水从地表下渗后有可能在回填岩块缝隙及强风化基岩裂隙中聚集形成局部区域上层滞水，设计及施工中应予以注意。

6.1.3 支护方案

（1）设计参数

1）边坡设计坡角：60°。

2）岩土体参数：各地层的设计参数见表 6-1。

边坡土体参数　　　　　　　　　表 6-1

岩土名称	重度 (kN·m^{-3})	黏聚力 (kPa)	内摩擦角 (°)	土体极限摩阻力(kPa)	地基承载力 (kPa)
填土层	16.0	18.0	23.0	30.0	100.0
黄土状粉土	14.5	27.0	25.0	40.0	140.0
基岩层	23.5	0	65.0	135.0	450.0

（2）支护设计

根据边坡具体工程地质条件，针对中村花园住宅小区边坡的不同高度、不同特性，采取分段、分级治理的思路，本着"安全可靠、经济合理、技术可行、方便施工"的原则，经过分析、计算和方案比较，本加固方案确定采用框架预应力锚杆支护结构的边坡支护高度为 12m。边坡支护立面如图 6-1 所示，支护剖面如图 6-2 所示。

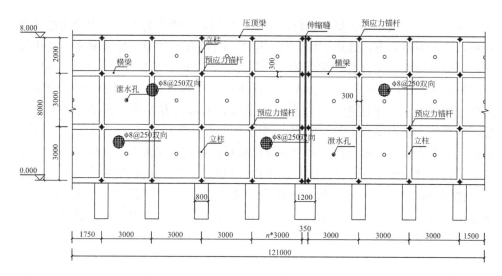

图 6-1　边坡支护立面图

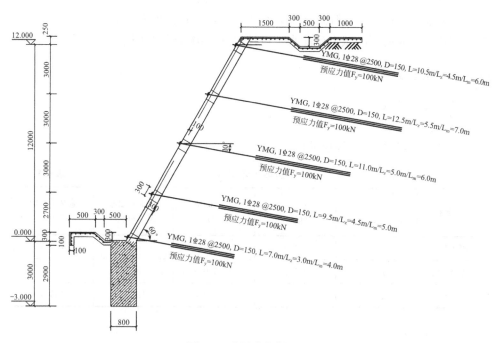

图 6-2　边坡支护剖面图

6.1.4　支护边坡动力响应及稳定性分析

1. 计算模型的建立

为得到地震力作用对边坡稳定性的影响，排除其他因素的干扰，对边坡的计算模型进行了适当的简化。假设边坡材料介质为均匀的弹性体，不考虑水的影响，通过输入实测地震加速度时程曲线进行有限元分析，在边坡的关键部位布置测点，观察边坡内部不同部位的位移、位移速度和位移加速度随时间的变化规律以及锚杆的轴力和抗滑桩的水平位移。模型地震变形云图如图6-3所示。

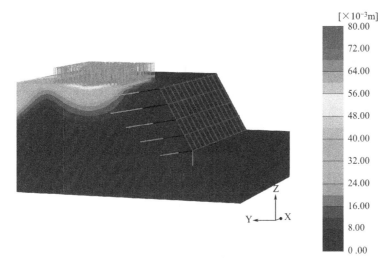

$[\times 10^{-3}m]$

	80.00
	72.00
	64.00
	56.00
	48.00
	40.00
	32.00
	24.00
	16.00
	8.00
	0.00

图6-3　模型地震变形云图

利用PLAXIS 3D建模，模型为40m×40m×22.25m的土体，土体分为三层，均采用摩尔库仑计算模型，土体参数见表6-1。边坡为60°，边坡支护类型为框架预应力锚杆挡墙，坡底设有抗滑桩。为得到更加精确的模拟结果，模拟实际施工中的分层浇筑，距离边坡8m处施加100kN的荷载替代周边一高层建筑物。框架梁、柱材料均采用梁，间距均为3m，预应力锚杆定位于框架横梁与立柱连接点，锚杆自由段材料选用点对点锚杆，锚固段选用嵌入式梁，预应力锚杆参数见表6-2，抗滑桩也选用嵌入式梁。

锚杆设计　　　　　　　　　　　　　表6-2

锚杆层数	自由段长度(m)	锚固段长度(m)	锚固体直径(mm)	预应力(kN)
1	4.5	6	150	100
2	5.5	7	150	100
3	5	6	150	100
4	4.5	5	150	100
5	3	4	150	100

2. 地震加速度时程的输入

为寻求边坡在地震力作用下响应的一般规律，计算选取了一段地震加速度时程曲线，如图 6-4 所示，采用在地震反应分析时常用的 EL-Centro 地震波，地震持续时间为 10s，间隔时间为 10s。

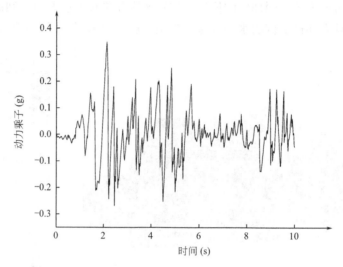

图 6-4 地震加速度时程曲线

3. 地震作用下边坡内部质点位移的布置

为考察边坡内部质点在水平方向和垂直方向随时间的变化规律，分两次分别设置 5 个垂直方向观测点和 8 个水平方向观测点。计算完成后，提取各观测点的位移数据（y 方向和 z 方向）并绘制其随时间的变化曲线，可找到边坡内部质点的位移分布规律。

4. 模拟结果分析

动力分析是在静力分析基础上进行的，静力分析部分计算完毕后，再通过最下面一层的基岩施加动力时程。

（1）垂直方向上质点位移规律

在模型上分别选取了 5 个垂直排列的质点，得出其位移曲线图即图 6-5 和 6-6，图 6-5 和图 6-6 显示了在竖直方向上，边坡内部质点在 y 和 z 方向上的位移随时间的变化过程，可以看出各质点在 y 方向的运动不具有较好的一致性，位移相差较大；各质点在 z 方向上的运动一致性相对较好，位移相差不大；各质点位移趋势基本都是向边坡方向发展，且在 3s 之后逐渐趋于稳定状态，5s 之后位移波动变化基本稳定；但值得注意的是越靠近地表的质点，在地震过程中位移相对坡内的质点越大。

（2）水平方向上质点位移规律

图 6-7 和 6-8 说明了当质点水平排列时，边坡内部质点在 y 和 z 方向上的位移随时间的变化过程，可以看出各质点在 y 和 z 方向的运动趋势均具有较好的一

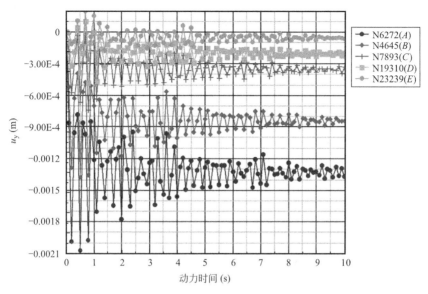

图 6-5　垂直方向各质点 y 方向位移图

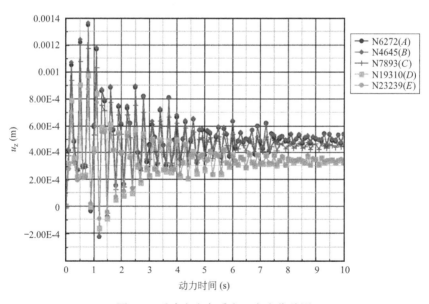

图 6-6　垂直方向各质点 z 方向位移图

致性，位移相差不大；但值得注意的是越靠近坡面的质点，在地震过程中位移相对靠近坡内的质点越大；点 A、B、C、D、E、F、G 和 H 依次是距离边坡越来越远的八个点，由图 6-8 可知，距离边坡越近，位移变化越大，位移也越大，F、G 和 H 这三个质点位移在正向越来越大，变化也越来越大，是因为这三个质点靠近边坡邻近的建筑物，在建筑物荷载和地震的共同影响下，在一定范围内距离建筑物越近，位移越大，位移变化也越大。这些特点在图 6-8 中表现得更加明显；在图 6-7 中，位移在 y 的正负方向上都有分布，各质点位移在 3s 之后开始趋于稳定状态，且 5s 之后位移变化基本稳定。

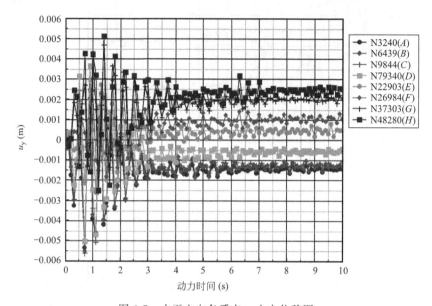

图 6-7　水平方向各质点 y 方向位移图

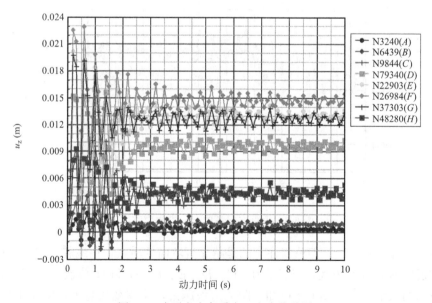

图 6-8　水平方向各质点 z 方向位移图

（3）锚杆轴力和横梁位移分析

锚固段轴力在地震中的响应较明显，地震后锚固段受力明显增大。图6-9中的锚杆序号是从靠近建筑物一侧开始排列的。由图6-9可知，随着与建筑物的距离增大，锚杆最大轴力逐渐减小，甚至最后几根锚杆轴力为负，即处于受压状态。

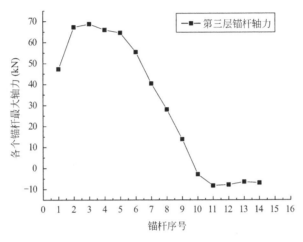

图6-9　第三层锚杆各个锚固段最大轴力

图6-10中，由于受建筑物荷载和地震的双重影响，离建筑物越近，横梁在y方向上的变形越大。横梁变形的趋势和锚杆轴力的变化趋势相似，归因于在地震影响下，横梁发生位移导致锚杆受力：位移大的地方，锚杆受力大；位移小的地方，锚杆受力小甚至不受力。

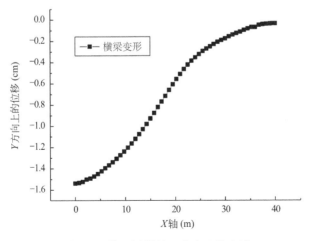

图6-10　第三层横梁y方向上的变形

（4）轴力分析

由于篇幅有限，本小节仅选取第三层第三列的锚杆锚固段的轴力作为代表来分析。在图 6-11 中，节点是从自由段和锚固段的连接点开始布置的。由图可知，在地震分析阶段，轴力沿锚杆长度越来越小；锚杆主要受拉，且受拉区靠近锚杆自由段，符合锚杆受力机理。

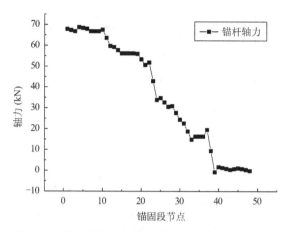

图 6-11　第三层第三根锚杆锚固段的轴力变化曲线

6.2　时代-海德堡庄园住宅小区边坡支护

6.2.1　工程概况

该边坡位于兰州市七里河区小西坪粮库院内，北临建西东路，西临兰州面粉厂家属院，南临小西坪粮库库区站台，边坡支护范围示意如图 6-12 所示。拟建场地边坡最大开挖深度约为 12.0m，建筑场地南侧为粮库库区站台（基础形式为桩基础），距离边坡顶 1～2m 左右；场地西侧为原有油罐及建筑物，距离边坡顶 5～10m。在场地边坡开挖和维护中涉及的土层主要有杂填土和粉土。其中杂填土局部厚度较大，结构较松散；粉土压缩性高，抗剪切低，由于其具有易扰动、变形等特点，边坡开挖时极易发生边坡失稳。因此，必须采取有效的支护措施。

依据《时代-海德堡庄园住宅小区护坡岩土工程勘察报告》，工程场地地貌类型属黄土梁峁地形。该建筑场地为Ⅳ级自重湿陷性黄土场地。湿陷性土层下限最大深度为 12.5m 左右。场地类别为Ⅱ类。抗震设防烈度为 8 度，设计基本地震加速度值为 0.20g，设计地震分组为第三组，设计特征周期为 0.40s，属可进行工程建设的一般场地。

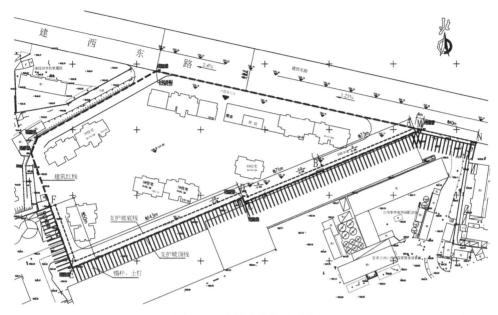

图 6-12　边坡支护范围示意图

考虑到边坡的永久性安全、立面美观以及和周围环境的协调，拟对建设场地内西侧及南侧边坡进行支护。根据边坡的高度及破坏后果，由《建筑边坡工程技术规范》确定边坡的安全等级为一级。

6.2.2　工程地质条件

（1）场地地形地貌

拟建工程场地人为修整后相对较为平坦（场地内大部分地面水泥硬化），勘察时场地地面标高为 1 556.44～1 557.29m，最大高差 0.85m，场地表面杂填土（以回填土为主）局部分布，且浅部存在原有建筑物的老基础。该场地地貌类型属黄土梁峁地形。

（2）场地地层条件

根据勘探揭露，勘察深度内地层主要由杂填土、粉土、碎石等组成。

（3）地层岩性

在边坡支护设计高度范围内，场地地层分布顺序自上而下分布如下：①杂填土层，人工成因，层厚为 0.00～6.50m，土黄色或杂色，主要为人工回填的粉土，含炉渣、碎砖、碎（卵）石、建筑垃圾及生活垃圾，均匀性一般。松散，稍湿。大部分勘探表层为 0.2m 厚的混凝土地面或路面。②粉土层，层厚为 10.30～15.70m。该层呈黄褐色，具大孔隙，零星见有白色钙质菌丝和条纹，土质均匀性一般，一般以坚硬状态为主，稍湿，稍密（局部呈中密状态）。③碎石层，层面深度 15.0~16.8m，勘探揭露厚度为 5.60~8.20m，未穿透。青灰色或杂色，骨架颗粒成分主要为石英岩及变质岩等，磨圆度较差，呈棱角或亚圆形~圆形，粒径一般为 20~80mm，粒径大于 20mm 的约占全重的 50.0% 以上，充填物主要为粉土、砾砂（局部粉土含量较大），颗粒级配较差，稍密到中密状态，一般以稍密为主，局部碎石、漂石含量较大（最大可见漂石粒径为 450mm 左右），层面一般有 0.2m 左右的细砂层，层面以下局部夹有粉土或粉质黏土透镜体。

（4）场地地下水特征

根据《时代-海德堡庄园住宅小区护坡岩土工程勘察报告》，拟建工程场区地下水埋藏较深，勘探深度范围内未揭露。

6.2.3 支护方案

（1）设计参数

根据建设单位提供的初步平面布置图和《时代-海德堡庄园住宅小区护坡岩土工程勘察报告》，本次设计参数选择如下：

1）边坡设计坡角：75°。

2）岩土体参数：边坡土体参数见表 6-3。

边坡土体参数

表 6-3

岩土名称	土层厚度(m)	重度(kN·m⁻³)	黏聚力(kPa)	内摩擦角(°)	界面粘结强度(kPa)
填土层	4.5	17.0	5.0	20.0	25.0
黄土状粉土	12.0	16.0	16.0	25.0	40.0
基岩层	10.0	20.0	0.0	35.0	100.0

（2）支护设计

本设计遵循"安全可靠、技术可行、经济合理"的原则，对场地南侧及西侧边坡进行支护，使其达到长期稳定状态，满足建筑边坡安全要求；在满足使用要求的前提下，进行优化设计，避免浪费人力、物力及材料；对坡面上的雨水进行疏排，减少雨水对加固后边坡及道路的影响。根据黄土边坡支护高度的优化设计方案，选择框架预应力锚杆支护结构，满足既安全又经济的要求。边坡支护立面图如图 6-13 所示，支护剖面图如图 6-14 所示。

6.2.4 支护边坡动力响应及稳定性分析

1.边坡有限元模型的建立

本模型采用 PLAXIS 3D 有限元软件进行仿真模拟，分析了边坡在地震动力荷载作用下的位移变形以及内力分析，PLAXIS 3D 具备强大的建模、分析功能，内嵌多种经典及高级土体本构模型，能模拟复杂岩土结构和施工过程、地震动力

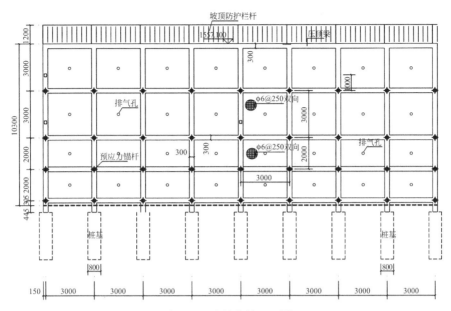

图 6-13　边坡支护立面图

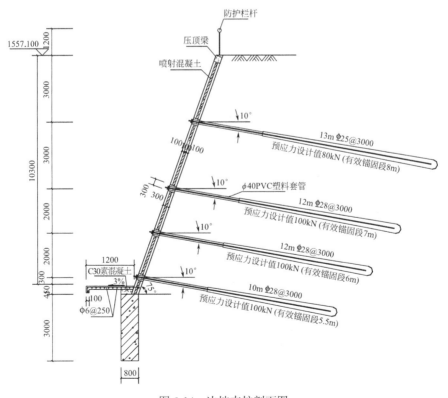

图 6-14　边坡支护剖面图

作用下的边坡变化情况以及多种复杂情况，能考虑土与结构之间相互作用及动力荷载的影响。依据工程概况以及提供的地勘条件进行模型的建立。

模型边界按照 $x_{min}=0m$，$x_{max}=12m$，$y_{min}=0m$，$y_{max}=80m$ 设置，土体本构选用摩尔-库仑模型（Mohr-Coulomb Model）。该模型属于一级模型，可在一定程度上描述岩土材料的特性，由于参数易获取，且一般情况下可以较好地描述土的破坏应力状态，在岩土工程中有着广泛的应用。

本模型中框架的立柱和横梁用梁单元来模拟，锚杆的锚固段用嵌入式梁单元模拟，自由段采用点对点锚杆模拟，由于其属于弹簧单元故可对其施加预应力。边坡挡土板用板单元来代替，边坡周边的建筑物用特定面荷载来代替。根据地勘报告赋予材料一定的参数值来定义材料，边坡的有限元模型建立完成。

2. 分步施工过程

依次加载以下工况：

工况一：初始应力状态；

工况二：激活面荷载 15kN；

工况三：边坡第一层开挖（横梁立柱面板支护）；

工况四：边坡第二层开挖，激活锚杆并施加 80kN 预应力（横梁立柱面板支护）；

工况五：边坡第三层开挖，激活锚杆并施加 100kN 预应力（横梁立柱面板支护）；

工况六：边坡第四层开挖，激活锚杆并施加 100kN 预应力（横梁立柱面板支护）；

工况七：边坡第五层开挖，激活锚杆并施加 100kN 预应力（横梁立柱面板支护）；

工况八：激活桩基；

工况九：施加地震动荷载。

分步完成后的模型如图 6-15 所示。图 6-16 为网格划分完成后的模型。

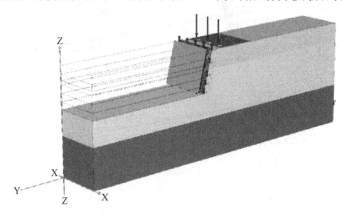

图 6-15　分步施工完成模型图

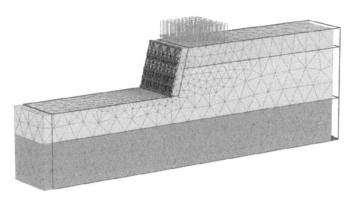

图 6-16 变形网格图

3. 动力分析

我国是一个多山的国家并且位于两大地震带之间，地震导致的边坡失稳严重危及国家财产和人民的生命安全，因此在地震作用下对边坡的变形以及支护条件下边坡的位移以及内力的分析研究至关重要。

由图 6-17 可以看出时间为动力 10s，乘子的最大值为 0.34，在该有限元模型中设置的动力时间间隔为 10s，计算类型为动力。在该地震波形的作用下，主要进行边坡整体的内力位移以及结构部分的变形分析。

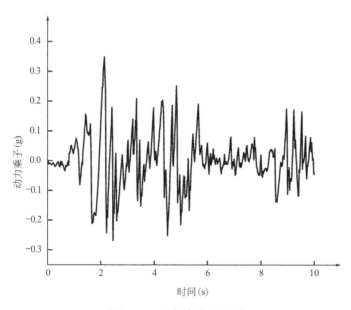

图 6-17 动力乘子-时间图

　　边坡的开挖过程是初始应力场破坏、新平衡形成的过程。开挖与支护交替进行，直到达到新的应力平衡为止。随着开挖深度的加深边坡总会出现一定量的位移，位移量的大小直接影响边坡的稳定性，位移量增大可能会导致滑坡的产生，而且边坡土体在反复动力荷载周期性的作用下具有非线性和滞后的特点，所以对于动力作用下边坡的分析至关重要。

　　从图 6-18 可以看出施加地震荷载作用后边坡的总位移明显增大，发生位移最大的部位为边坡的顶部，最大位移值为 23.17cm。距离边坡坡面越远，地震引起的位移逐渐减小。震动时间越长，造成的变形也越大。由最大位移发生在坡顶可以看出，随机地震反应随坡高逐渐增大，在坡的上部达到最大，锚固边坡上部更容易受到地震效应的影响，所以在动力作用下锚固边坡的设计不仅要遵循传统的设计思想—"强腰固脚"，还要对边坡顶部进行加固处理。

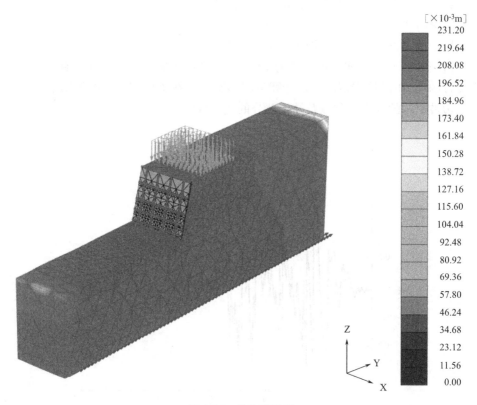

图 6-18　总位移云图

　　图 6-19 是 y 方向的总位移云图，动力荷载之后的总位移为 0.1569m，由图可以看出，边坡前部的位移比后部的位移大，但是边坡并没有出现破坏特征，这

是由于格构支挡结构有效地抑制了边坡土体的总体位移，柔性支挡结构在地震作用下对边坡的加固处理是相对成功的。对坡体位移场的研究有助于了解坡体不同位置的运动特征。

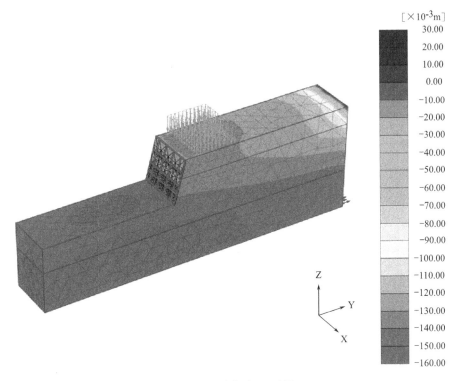

图 6-19　总位移 u_y 云图

I（6，44，24）、G（6，60，24）、H（6，44，16.5）为三个监测点，I 点是距离开挖较近的点，G 点距离开挖边坡稍远，I、G 两点离坡顶的距离一致，H 点距离坡顶较远，距离开挖边坡较近，离开挖边坡的距离同 I 点一致，是土体内部较深的点。由图 6-20 可以看出，G、I 两点的动力时间-速度曲线变化接近一致，而 H 点在动力荷载开始的时间里速度变化波动较大。由此可以得到，因开挖边坡处进行了有效的支护措施，在离坡顶距离相同的土层，在地震荷载作用下速度变化几乎一致，并不受开挖边坡的影响，而距离坡顶位置不同的土层所受到的影响是不一样的。

H（6，44，16.5）是离坡顶面 10m 处坡体内部的点，从图 6-21～图 6-23 可以看出，H 点的加速度和位移在 6s 的时候趋于平稳，在动力荷载作用下位移出现较大的波动，但是总的位移还是相对较小，这也说明边坡的支护是成功的，格构支护有效地控制了边坡在地震荷载作用下的位移。边坡速度、加速度最大值均出现在荷载作用初期，之后趋于稳定，说明地震的破坏作用往往出现在地震的起始阶段。进一步验证了考虑地震持续时间的重要性。边坡上部响应大于底部；靠近边坡斜面的响应大于内部，并且边坡自下而上存在地震响应放大现象。

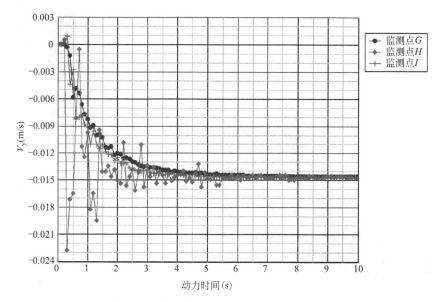

图 6-20　监测点 G、H、I 动力时间-速度图

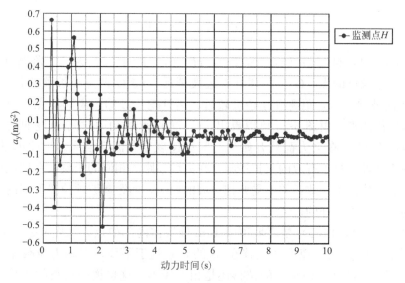

图 6-21　监测点 H 动力时间-加速度图

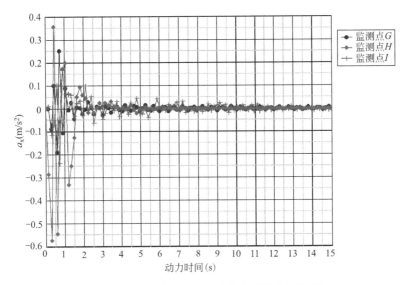

图 6-22　监测点 G、H、I 动力时间-加速度图

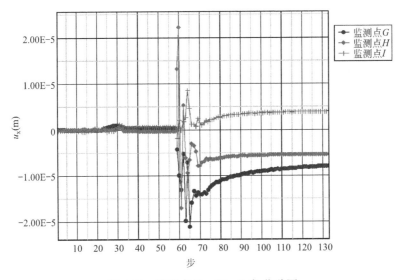

图 6-23　监测点 G、H、I 步-位移图

图 6-24 显示了第一到第四排轴力图，可以看出第一排锚杆的轴力值大于其他锚杆的轴力值，这是因为坡顶位置处的加速度放大系数较坡面其他位置要大，坡顶位置锚杆轴力较大。而传统的边坡锚杆设计思想为"强腰固脚"，其适合于地震设防烈度较小的地区，对于设防烈度较大的地区，锚杆设计时要增大上层锚杆和腰部锚杆的锚固长度，因此传统的拟静力法按照平均分配每排轴力进行锚杆

设计的思想应用到设防烈度较大地区是偏于危险的。动荷载作用过程中各层锚杆的应力峰值均随荷载作用持续时间的增长而增大，因此地震持续时间越长，锚杆与土体之间的粘结力就越容易被破坏、对锚固结构破坏越严重。

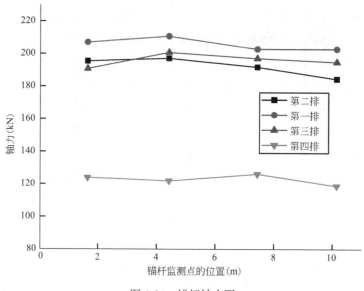

图 6-24　锚杆轴力图

　　虽然有限元软件不能完全地还原现实场景，模拟的数值跟真实值之间存在一定的偏差，但是其仍有不可比拟的优点：由于引入变形协调的本构关系，因此不必引入各种假定条件便可以得到不同工作状态下土体的真实受力状态，能够全面了解应力、变形的分布情况。该方法保持了严密的理论体系，可以对复杂的地形、特殊的地质边坡进行稳定性分析，模型不仅考虑不同的施工工序对土体的影响、土体与支护体之间的共同作用和协调变形，而且还可以模拟地震、降雨入渗等影响边坡稳定性的更为复杂的因素。因此运用有限元软件进行模拟有一定的可靠性，对于指导实践具有一定的参考价值。

第 7 章

在多级加固边坡工程中的应用及动力分析

7.1 兰永一级公路深挖路堑边坡加固设计

7.1.1 工程概况

兰州（新城）至永靖沿黄河快速通道作为兰州市南滨河路"黄河风情线"的延伸段，是兰州一小时都市经济圈内的交通要道，也是甘肃南部各县区与外界联系的主要通道。本项目的建设对开发兰州至永靖沿黄河经济带、整合区域特色旅游资源、打造沿黄河特色生态旅游线路具有重要意义。

本项目地跨兰州市西固区及临夏回族自治州永靖县，起点位于新城镇黄河新桥南桥头，与已建的西固至新城一级公路终点顺接；路线沿黄河两岸布线，经河口、张家台、扶河、盐锅峡、恐龙湾、朱家台、孔家寺，终点位于永靖县古城村，与临夏折桥至兰州达川二级公路及永靖县城市道路顺接（终点桩号 K48＋628.391），路线全长 48.25km。其中有高填方边坡和深挖路堑边坡，其中深挖路堑边坡里大多属于高边坡，甚至有达到 63.0m 超高边坡的存在，详情如表 7-1 所示。深挖路堑边坡采用台阶形，黄土路段坡脚碎落台设 1.5m 高护面矮墙，挖方坡率采用 1∶0.75～1∶1.25，每级边坡高 6m，挖方平台 2.0m，并根据挖方高度设置一级 4.0m 加宽平台；土质为砂岩。泥岩挖方采用 1∶0.75，每级高 6.0m，对于平层、顺倾砂岩边坡，增设锚固防护后采用 1∶0.5 坡率，加固边坡高度每级为 8.0～10.0m。同时为确保边坡稳定，加强坡面平台排水沟、截水沟、吊沟的设置，并于岩土交界面处和卵石夹层处设置 6.0m 宽挖方平台，并根据土层情况增设必要的防护工程措施。对于深挖边坡渗水或岩隙水较多路段设置纵向渗沟排除渗水。

深挖路堑一览表 　　　　　　　　　　　　　　　　表 7-1

序号	岩性	桩号	长度(m)	最大挖深(m)	典型断面
1	泥岩、黄土、岩土交界面夹 4m 厚卵石层	YK5＋07～YK5＋170	95	36.3	K30＋834
		K24＋535～ZK24＋340	59	35.6	
		K30＋810～K30＋910	100	57.2	

续表

序号	岩性	桩号	长度(m)	最大挖深(m)	典型断面
2	黄土	K6+105～K6+362	257	29.9	K31+352
		K7+594～K7+900	306	24.7	
		K29+540～K29+680	140	28.2	
		K31+284～K31+394	110	43.2	
		K31+620～K31+770	150	28.4	
		K31+810～K31+900	90	32.6	
		K32+780～K32+920	140	28.2	
		K33+100～K33+230	130	28	
		K33+360～K33+435	75	28.3	
		K33+440～K33+820	380	37.6	
3	砂岩、黄土	K23+450～K23+600	150	23.5	K30+292
		K30+148～K30+300	152	63	
		K36+375～K36+455	80	23.7	
4	砂岩	K23+860～K23+980	120	36.4	K36+280
		K36+550～K36+600	50	36.6	
5	黄土、底部夹卵石层	K30+910～K31+218	308	53.5	K31+100
		K36+166～K36+335	169	41.4	
6	砂岩、黄土、岩土交界面夹6m卵石层	K34+965～K35+140	175	43.8	K35+318

7.1.2 场地岩土工程条件

1. 场地地形地貌

项目地处陇西黄土高原的西北部，是黄土高原与青藏高原的过渡地带，区内沟谷纵横，地形起伏较大，大部分地区为黄土覆盖，山区一般为基岩出露。整个地势南高北低，西高东低。

地形以黄河漫滩、高低阶地为主，如图7-1所示。该边坡加固项目起点海拔约为1 557.83m，项目终点海拔约为1 622.74m，最低海拔约1 557.00m，最高海拔约1 772.11m，高差达215.11m。

2. 地层结构

本项目区域地层属于华北地层大区秦祁昆地层区祁连－北秦岭地层分区中祁连地层小区和南祁连地层小区。沿线大部分路段为第四系黄土所覆盖，出露的地层主要有前震旦系、中上奥陶统、下白垩统河口群（图7-2）、上第三系上新统临

图 7-1 研究区地形地貌图

夏组、第四系以及侵入体石英闪长岩等。

图 7-2 下白垩统河口群地层图

3. 场地地下水特征

（1）地下水含水岩组

根据赋水介质条件，勘察区含水层按其岩性特征可分为第四系松散层含水层组、白垩系砂岩、泥岩裂隙水三个类型。按地下水水动力条件和含水层介质条件，地下水可分为第四系河流沟谷松散岩类孔隙水、白垩系基岩裂隙水两种类型。

（2）地下水类型

1）松散岩类孔隙水

分布于湟水河、黄河河谷阶地。

湟水河、黄河河谷阶地呈带状分布，含水层为疏松砂砾卵石层，地下水主要赋存在Ⅰ～Ⅱ级阶地及河漫滩砂砾卵石中，各阶地含水层为独立的含水单元，基本无水力联系或水力联系微弱。

河漫滩及Ⅰ级阶地沿河流两岸呈串珠状断续分布，水位埋深1～6m。含水层厚度下游比上游逐渐增加，厚约1～17m。

Ⅱ级阶地为强富水地带，阶地前缘水位埋深较浅，为7～15m。

2）基岩裂隙水

分布于河谷阶地，主要指黄土底部土层潜水和基岩表层的风化裂隙潜水，因两者水力联系密切，故划分为一个统一的含水岩组，其富水性较小，水质为重碳酸型水。

（3）地下水补、迳、排条件

勘察区地下水主要接受大气降水和农田灌溉的入渗补给。降水或灌溉时一部分以地面径流的形式顺区内地形坡降汇入沟谷、河流，排出区外；一部分降水和灌溉水渗入上覆松散层。渗入松散层的水，一部分又以地下径流的方式由高向低顺坡降排泄（地下水分水岭与地面分水岭基本一致），再次补给地表水；一部分则赋存于砂砾层的孔隙内，成为松散层孔隙潜水，或沿岩体裂隙、孔隙垂直下渗到储水构造富集成基岩裂隙水。基岩裂隙水还会在沟谷中斜向流动。从水质分析报告中反映出，虽然地下水体与地表水体互为补给，但地下水体中含盐量较地表水体大，特别是硫酸盐含量较大，是由于本区的蒸发量大，造成地下水排泄方式以蒸发为主。

孔隙潜水与工程有关，由大气降水和人工灌溉水补给，通过沟道排泄于河道，在干旱季节，水位下降，受库区地表水的补给，与地表水联系紧密。

7.1.3　深挖路堑高边坡设计优化方案

K30＋148～K30＋300区段边坡长度为152m，最大边坡高度为63.0m。根据地质调查，边坡岩土可分为两层：上层为上更新风积黄土，浅黄色，土质较均匀，含有少量孔隙，主要以粉粒组成，局部含黏粒较高，略具层理，硬塑；底层为中风化砂岩，粗粒结构，成岩性较好。

边坡总体采用放坡加支挡结构的方式进行支护加固，设计方案以K30＋292断面为例，边坡支护剖面图如图7-3所示。一、二级边坡采用锚杆框格梁防护（坡率为1∶0.5，高8m），2m挖方平台，三、四、五、六级坡率为1∶0.75，每级高6m，三级边坡坡顶部设6m宽平台（岩土交界面），六级顶部设4m宽平台，其余挖方平台为2m，七、八级坡率为1∶1，6m高，九级采用1∶1.25坡率，挖方平台顶设平台排水沟。

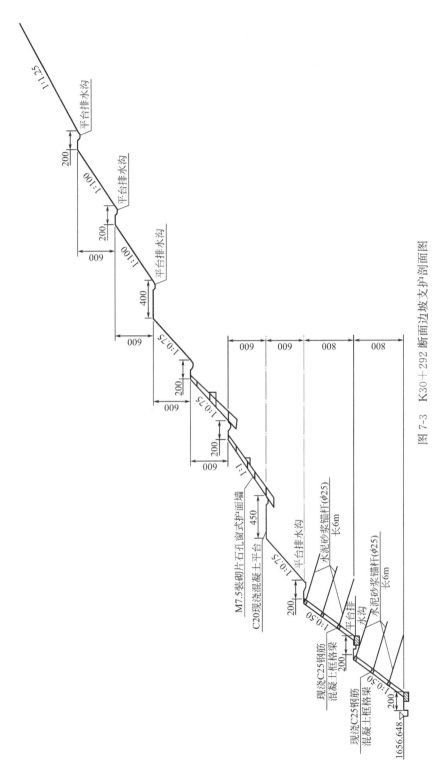

图 7-3　K30+292 断面边坡支护剖面图

7.1.4 支护边坡地震响应数值分析

1.计算断面选取

以 K30+292 断面为分析对象，进行地震响应分析，K30+292 断面边坡土体计算参数如表 7-2 所示。

K30+292 边坡土体计算参数　　　　　　　　表 7-2

参数	重度($kN \cdot m^3$)	弹性模量(kPa)	黏聚力(kPa)	内摩擦角(°)
黄土	15	2.8E4	30	26
砂岩	25.8	4.6E6	80	25

2.地震工况

采用 PLAXIS 3D 对 K30+292 段边坡进行数值模拟，按照实际原状边坡建立模型，其中黄土与砂岩的本构关系选为摩尔-库仑模型，边坡的面层支护整体等效为板单元，水泥砂浆锚杆采用 Embedded 桩模拟（板单元与 Embedded 桩相关参数见表 7-3 和表 7-4)，并依据实际施工顺序建立施工阶段。所建原状边坡模型如图 7-4 所示，支护完成后模型如图 7-5 所示。

坡面支护材料参数（板单元）　　　　　　　表 7-3

参数	厚度	重度	本构模型	板端承载力	弹性模量	泊松比
坡面面板	0.18m	$10kN/m^3$	各向同性线弹性	不考虑	28×10^6 kN/m^2	0.15

水泥砂浆锚杆材料参数（Embedded 桩单元）　　　　　　表 7-4

参数类别	参数	水泥砂浆锚杆
桩体材料	本构模型	线弹性
	弹性模量	4.5×10^6 kPa
	重度	0
桩几何信息	桩类型	预定义
	预定义桩类型	大直径圆桩
	直径	0.15m
桩土作用	侧摩阻力分布	线性
	桩顶最大侧摩阻力	150kN/m
	桩底最大侧摩阻力	150kN/m
	桩端反力	0

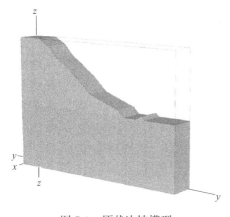

图 7-4 原状边坡模型

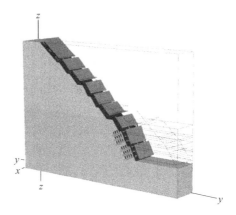

图 7-5 支护完成后边坡模型

对该边坡模型输入 EL-Centro 地震波（地震加速度时程曲线见图 7-6），峰值地震加速度为 $0.3g$，地震持续时间取 10s，将 x 方向、z 方向固定，对 y 方向指定位移，并对 y 方向赋予位移乘子。

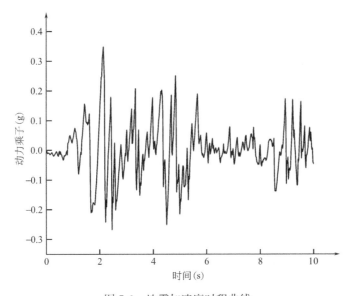

图 7-6 地震加速度时程曲线

经地震计算后的 y 轴方向位移云图与各级边坡位移对比图分别如图 7-7 和图 7-9 所示。根据云图所示，最大位移值为 43.6mm，发生在坡顶位置处，黄土层由于黏聚力较小，因而位于整个边坡上部的黄土层主要发生沿 y 轴的负向位移，中风化砂岩层黏聚力较大，产生沿 y 轴正向的位移。对比自然工况位移云图（图 7-8），地震作用下 y 方向的位移明显大于自然工况，同时可以发现在自然工况

127

中，位移主要发生在黄土层土体中部、坡顶位置处以及第四～九级边坡的平台位置处，而对于中风化砂岩 y 方向的位移几乎为零。

在每级边坡坡中位置处选取地震位移参照点，这里选取坡顶位置、第八级边坡、第七级边坡、第三级边坡、第二级边坡、第一级边坡中的位移参照点进行对比（见图 7-9）。由边坡位移对比图可知，整体上每级边坡沿 y 方向的位移随着地震作用持续时间的增加而增大；随着边坡高度的增加，每一级边坡位移逐渐增加，即最大位移发生在坡顶位置处，坡脚位置处位移相对较小；黄土层受地震扰动较大，位移变化明显；中风化砂岩由于内部较稳定，受地震扰动小，故第一、二、三级边坡（砂岩所在边坡）位移变化较小且几乎相同。

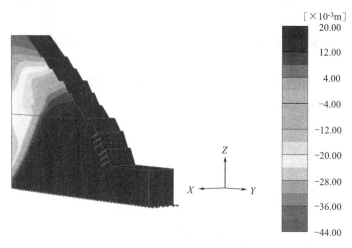

图 7-7　y 方向位移云图（地震作用）

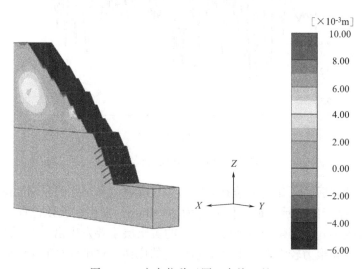

图 7-8　y 方向位移云图（自然工况）

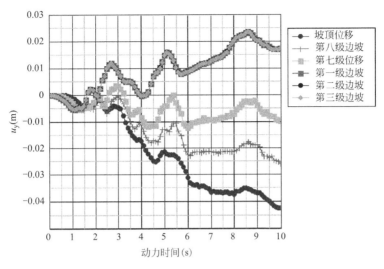

图 7-9　各级边坡 y 方向位移对比

　　地震作用后的各级边坡速度变化对比如图 7-10 所示。最大速度为 0.058m/s，发生在第七级边坡；整体上速度-时间曲线沿 $v_y=0$ 上下连续波动，在 1s 之后速度变化幅度显著增大，6s 以后随着地震作用的减小，速度变化幅度逐渐降低（与输入地震波的变化相似）；处于黄土层的各级边坡速度变化相差较大，而处于中风化砂岩的各级边坡速度变化相差不大。

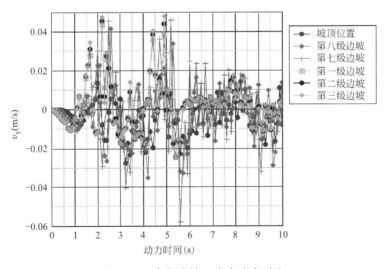

图 7-10　各级边坡 y 方向速度对比

地震作用后的各级边坡加速度变化对比如图 7-11 所示。由加速度变化图可知，整体上每级边坡加速度随着动力时间的持续增加，呈现出沿 $a_y=0$ 上下连续波动的变化现象（与输入的地震波变化相似）；前 2s，边坡加速度变化不大，2s之后，加速度波动剧烈；对于土层分布，黄土层受地震扰动较大，而中风化砂岩由于刚度较大且位于边坡的下部故受地震扰动较小。

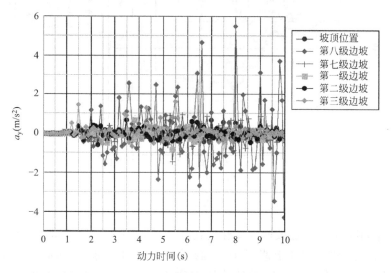

图 7-11　各级边坡 y 方向加速度对比

　　为了解地震作用对水泥砂浆锚杆轴力的影响，选取 $x=6$m 时第一、二级的 6根锚杆最大、最小轴力进行比较（见表 7-5）。由表中数据对比可发现：① 地震作用对第二级边坡水泥砂浆锚杆影响较小，地震作用与自然工况的轴力值差异不大；② 第一级边坡的水泥砂浆锚杆在地震作用下轴力增大了 130%，受地震影响较大。

水泥砂浆锚杆轴力对比　　　　　　　　　　　　表 7-5

	地震作用		自然工况	
	最大轴力值(kN)	最小轴力值(kN)	最大轴力值(kN)	最小轴力值(kN)
	8.297	3.014	8.835	3.123
第二级边坡	9.332	6.065	9.714	6.394
	13.88	6.532	13.79	6.674
	48.89	5.506	33.27	2.14
第一级边坡	111.5	−3.630	48.59	1.228
	119.9	−2.152	58.35	1.199

　　综上所述，地震作用对超高边坡的影响，随着边坡高度的增加逐渐增大；黄

土层受地震扰动较大，中风化砂岩受地震扰动较小；地震作用对第一级边坡水泥砂浆锚杆影响较大。

7.2 陇南武都东江新区外环路边坡

7.2.1 工程概况

拟建东江新区外环路（塄坎梁段）始于里程桩号 K0＋440，止于 K1＋614.445，本次设计的边坡为 K0＋520 到 K0＋780 和 K0′＋000 到 K0′＋064，最高边坡高为 42m，最低为 17m，需支护的边坡总长 324m。自道路边坡形成后，在风化卸荷、降水、人类工程活动等各种自然的或人为的内、外应力的综合作用下，上述拟治理路堑边坡现状均存在不同程度的崩塌、坠石及落石等地质灾害，影响道路交通安全。根据现场的实际情况，拟采用框架格构梁预应力锚杆支护结构对该项目进行支护。

7.2.2 场地工程地质及水文地质条件

1. 场地地形地貌

陇南市武都区位于甘肃省东南部，受区域构造控制的山体总走向是东西向，总地势为西北高，东南低，最高峰擂鼓山海拔 3600m，最低裕河曲家庵海拔660m。总的地形特点是沟谷发育、切割强烈、地表起伏大、山势陡峻、相对高差大（相对高差达 1000～1500m），坡度大。区内主要地貌类型包括侵蚀堆积河谷、侵蚀构造高中山和侵蚀构造溶蚀丛峰中山。

河谷两岸冲沟较为发育，工程区附近较大的冲沟主要为东江水沟。冲沟属季节性干沟，暴雨季节有短暂洪流或泥石流通过，沟底纵坡较大，利于疏排，沟口均有发育充分、规模不等的洪积扇，扇缘宽约 500m。

2. 场地地层岩性

根据钻探现场描述及原位测试结果，将场地地层划分为六个工程地质大层，分别为：填土层①、黄土状粉质黏土层②、黄土状粉土②-1、圆砾层③、卵石层④和志留系中上统白龙江群千枚岩层⑤，共 6 个工程地质层，现自上而下分述如下：

（1）人工填土层①

杂色，成分以圆砾、粉质黏土及强风化千枚岩碎片为主，稍湿，土质不均匀，层位不稳定，主要分布于场地最上部，一般层厚为 0.5～10.0m，平均层厚为 2.3m，相应层底标高为 993.24～1 052.52m。

（2）第四系全新统层

1）黄土状粉质黏土②：褐灰～黄褐色，呈稍湿～湿，可塑～软塑状态。切面稍有光泽，无摇振反应，干强度中等，韧性中等，土质较均匀，孔隙较发育，含钙质结核，稍具块状，局部夹黄土状粉土薄层。该层厚度为0.8～19.3m，平均层厚为6.0m，层底标高为986.90～1 048.64m。

2）黄土状粉土②-1：浅黄色，呈稍湿、稍密状态，土质较均匀，大孔隙发育，韧性低，白色钙质结核呈菌丝状分布，含有大量蜗牛壳及其碎屑；该层厚度为3.3～13.0m，平均层厚为9.5m，层底标高为1 014.28～1 059.17m。

3）圆砾层③：青灰色～杂色，稍湿、密实状态，呈圆形～亚圆形，骨架颗粒交错排列呈连续接触。其主要成分为石英、长石、云母及破碎岩颗粒等。颗粒不均匀，级配良好，磨圆度较好。砾砂及粉质黏土填充，约占全重的20%；一般粒径0.6～20mm，约占全重的50%以上；最大粒径30～50mm，约占全重的25%。该层厚度为0.7～6.3m，平均层厚为2.6m，该层层底标高为1010.48～1065.57m。

4）卵石层④：杂色，亚圆形，由花岗岩及石英岩碎屑组成，磨圆度好，分选差，粒径20～60mm，约占全重的43%左右；粒径大于60mm的，约占全重的10%以上。砂类土充填，呈中密～密实状。本层均布于整个场地，层面起伏较大，K34～K44以北，厚度为0.8～15.m，平均层厚为7.2m，层顶标高为982.37～1061.97m。

（3）志留系中上统白龙江群层

1）强风化千枚岩层⑤-1：岩芯呈粉末或碎片状，浸水后可用手搓成泥状，变余结构，薄层～中薄层状构造，板理发育，结构破碎，风化强烈，岩性软弱，层面附近裂隙中多充填有泥质。一般厚度0.7～11.3m，平均层厚为4.5m，层底标高为985.28～1 054.57m。

2）中风化千枚岩层⑤-2：中风化状，薄层～中薄层状构造，板理发育，岩芯呈片状，局部地段含石英成分较多，岩芯可呈短柱状，钻进缓慢，层面埋深为4.4～32.6m，层顶标高为1 010.48～1 054.57m，本次勘察期间未揭穿该层。

3. 场地地下水特征

工程区地处白龙江中游河谷地段，属北亚热带半干燥气候区。根据陇南市武都区气象站统计资料，工程区年平均气温14.5℃，极端最高气温40.0℃，极端最低气温−8.1℃；年平均降水量474.6mm，年内降水分配不均，多集中于6～9月，其中7月最大，月均降水量93.0mm；年平均蒸发量1 740.0mm；年平均风速1.3m³/s，最大风速及主导风向分别为24m³/s和NE；最大冻土深度12cm，历年平均冻土深度9cm；最大积雪厚度7cm。

白龙江中游段每年4月开始涨水，5～10月为汛期，11月至次年3月为非汛期。武都站实测历年最大流量为1 920m³/s，流速为4.67m³/s，调查历史最大洪水流量为 2 250m³/s；实测历年最枯流量为 30.5 m³/s。由于武都水文站至工程区河段内无大的支流注入，根据武都水文站测河道大断面成果推算，工程区二十年一遇洪水流量为 1 460 m³/s，五十年一遇洪水流量为 1 780m³/s，百年一遇洪水流量为 2 010 m³/s。

另外，武都附近白龙江河床，由于来自北峪河和附近的其他泥石流沟的固体径流的汇入使河床逐年上升，水位抬高，河床平均每年上升 0.093m，多年平均输沙量 1 700 万吨，历年平均输沙率 483kg/s，历年平均含沙量 3.83kg/m³，最大含沙量 918kg/ m³，输沙量的年内分配较降水更为集中，多出现于 7 月，含沙量的大小亦与降水相对应。

7.2.3　边坡支护设计方案

（1）支护范围

根据场地条件，应采取可靠有效的支护措施，确保边坡工程开挖的安全。本次边坡加固处理的范围为 K0+520 到 K0′+064 段边坡，边坡总长约 324m，具体支护范围如支护平面图 7-12 所示。由于边坡地形起伏变化，既存在挖方边坡，也存在填方边坡，故采用框架格构梁预应力锚杆进行边坡支护。框架格构梁预应力锚杆支护结构支护本边坡，可保证边坡在 50 年内遇到各种荷载作用（地震、雨水等）时安全、稳定，对行人、道路和车辆无安全威胁。本设计遵循"安全可靠、经济合理、技术可行"的原则，对边坡土体进行加固，使其达到长期稳定状态，满足边坡安全要求；在满足使用要求的前提下，进行优化设计，避免浪费人力、物力及材料；对坡面上的雨水进行疏排，减少雨水对加固后边坡及道路的影响。边坡整体布置见图 7-12 所示。

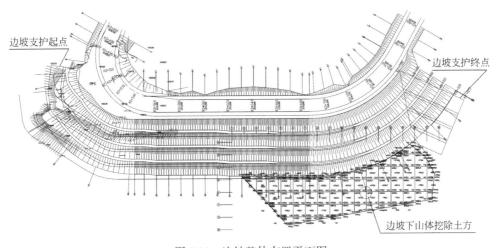

图 7-12　边坡整体布置平面图

（2）支护方案

① 由于人工削坡高度在 17～42m 之间，K0＋520～K0＋780 采用 1∶1 坡率，坡度 45°，K0′＋000～K0′＋064 采用 1∶0.7 坡率，坡度 55°。根据边坡支护高度的优化设计方案，选择分级削坡并用框架格构梁预应力锚杆支护结构进行处理的方案，同时 K0＋520～K0＋780 用毛石砌筑 2m 高的挡墙，既安全又经济。

② 一级边坡框架格构梁预应力锚杆支护结构基础采用短桩基础，可保证上部框架格构梁预应力锚杆结构产生不均匀沉降。

③ 坡底钢筋混凝土散水主要是防止边坡雨水流到坡底，进而浸蚀基础。保证雨水有效地排到道路的雨水收集管沟。

7.2.4　边坡支护设计

本边坡坡高在 17～42m 之间，坡高变化较大，属多级高边坡。边坡安全性计算根据《公路路基设计规范》JTG D30 确定公路等级为二级，边坡安全系数在正常工况、非正常工况Ⅰ（边坡处于暴雨或连续降雨状态下的工况）、非正常工况Ⅱ（边坡处于地震等荷载作用状态下的工况）时，取值范围分别为：1.15～1.25、1.05～1.15、1.02～1.05。地震抗震设防烈度为 8 度。防腐等级为Ⅰ级。根据不同坡高，分级采用框架格构梁预应力锚杆对该边坡进行支护。加固措施安全，经济合理，尽量兼顾美观。

（1）设计依据和设计参数

根据"武都东江新区外环路边坡现场总平面图"和中国市政工程西北设计研究院有限公司编制的《陇南东江新区外环路（塄坎梁段）道路及排水管网等基础设施建设项目及道路边坡工程岩土工程勘察报告》，在边坡开挖深度范围内，土质较为复杂，在边坡开挖和围护中涉及的土层主要有：填土层①、黄土状粉质黏土层②、黄土状粉土②-1、圆砾层③、卵石层④和志留系中上统白龙江群千枚岩层⑤，共 6 个工程地质层。根据地形图，本次设计参数选择如下：边坡设计坡角在 K0＋520～K0＋780 段取 45°，在 K0′＋000～K0′＋064 段取 55°。岩土体参数：在边坡加固深度范围内，土体土质均匀，均为黄土。本章以 K0＋540 为例进行分析，边坡土体参数见表 7-6。

K0＋540～K0＋570 设计土体参数 （H＝39m）　　　　　　　　　　表 7-6

岩土名称	土层厚度 (m)	重度 (kN·m⁻³)	黏聚力 (kPa)	内摩擦角 (°)	界面粘结强度 (kPa)
黄土状粉质黏土(填料)	0.6	17.5	20.0	22.0	50.0
黄土状粉质黏土	6.0	17.0	16.0	20.0	45.0
卵石	32.4	220.0	0	35.0	100.0

（2）支护设计

边坡整体采用框架格构梁预应力锚杆支护，锚杆孔孔径为 130mm，锚杆水平间距 3.0m，锚杆与水平面夹角均取 10°。锚杆采用预应力锚杆，预张拉力为设计预应力值的 1.05～1.10 倍，每排锚杆施加的预应力值如图 7-13 所示。锚杆的张拉及锁定值按《岩土锚杆与喷射混凝土支护工程技术规范》GB 50086—2015 采用。锚杆材料选用直径为 32mm 的 HRB400 级精轧螺纹钢筋，锚具选用 JLM-32 锚具。锚杆灌浆采用 M25 级水泥浆。横梁截面尺寸为 300mm×300mm，立柱截面尺寸为 300mm×300mm，主筋及箍筋因加固区段的不同而有所变化，混凝土强度等级为 C30，保护层厚度取 30mm，格梁在水平方向设置伸缩缝，伸缩缝位置详见图 7-14 所示，缝宽 50mm。台座为 C30 钢筋混凝土板，长宽均为 200mm，厚度 150mm，采用双层配筋 $\phi 10@150×150$，上下排间距 100mm。现以 K0+530 位置处边坡剖面为例，进行支护设计。具体设计剖面图如图 7-13，立面图如图 7-14 所示。

（3）防水、排水设计

坡底采用 500mm×500mm 混凝土排水沟进行排水，排水坡度为 3%。每阶平台均采用 300mm×300mm 排水沟进行横向排水。竖向每隔 30m 设置一道排水沟缝，宽度为 500mm，并用沥青麻丝塞填密实。

7.2.5　边坡地震响应及稳定性分析

1.计算模型的建立

地震是影响边坡稳定性的一个重要因素，地震过程中边坡内部质点的位移、应力和应变均随地震持续时间不断地变化。本节利用 PLAXIS 3D 岩土有限元软件对地震作用下边坡的动力响应进行动力时程分析。影响边坡稳定性的因素是多方面的，为了排除其他因素而得到地震单独作用对边坡稳定性的影响，需对边坡的有限元计算模型进行一定的简化，即不考虑地下水渗流及地表水入渗的影响，并通过在模型底部输入 x 向地震加速度时程曲线对边坡进行动力有限元计算分析。通过选取边坡主要部位的节点及应力点，可在计算后得出边坡不同部位的变形、应力、应变情况和位移、速度、加速度时程曲线，进而了解地震对边坡稳定性的影响。

（1）方案选取

以 K0+540～K0+570 区段边坡为例，最高边坡高度 39.0m。根据地质勘察，边坡土层可分为三层：① 填土层，层厚 0.6m；② 粉质黏土层，层厚 6m；③ 卵石层，层厚 32.4m。

设计方案：设计边坡分为四级并采用框架格构梁预应力锚杆进行支护，坡率均采用 1：1，第一、二、三级坡高均为 10m，第四级坡高为 9m，各级边坡之间设有 2m 宽的平台。沿边坡纵向取 9m 宽单元建立有限元模型，设计锚杆水平向

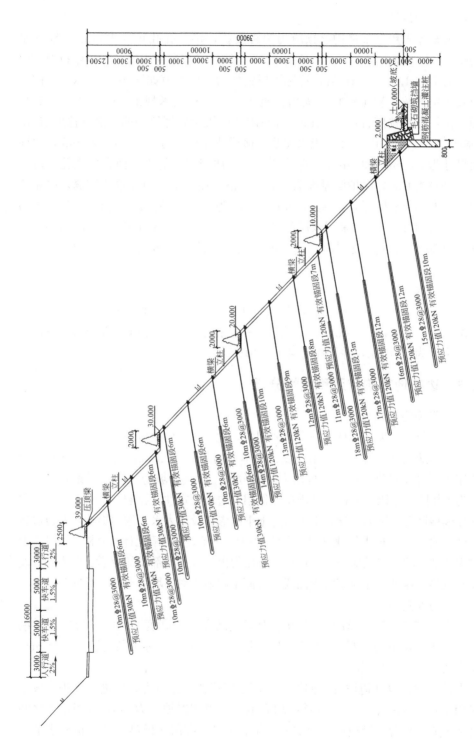

图 7-13 K0+540 边坡支护剖面图，$H=39\text{m}$

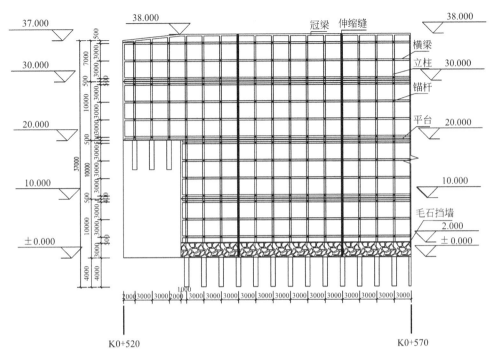

图 7-14 K0+540 边坡支护立面图，H=38m

间距为 3m，因此模型中沿纵向每排共设置 3 根锚杆。边坡模型及有限元网格划分如图 7-15 所示。有限元计算中，网格划分的疏密程度会对计算结果的精确度产生一定影响。如图中所示，可在模型局部和结构物附近对网格进行局部加密，以便更精确地模拟结构物与土体之间的相互作用，计算结果也更接近实际。地震作用时，边坡边界条件的设置与静力计算有所不同，动力计算需考虑土层介质的成层性和地震波在模型边界处的反射作用，因此，该模型在 x 方向选择 PLAXIS 3D 软件提供的黏性边界条件。

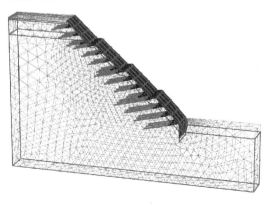

图 7-15 边坡模型有限元网格划分图

（2）地震波的输入

该边坡模型输入的地震波采用 EL-Centro 波加速度时程曲线，峰值地震加速度为 0.3g，模型中地震持续时间取前 10s，地震加速度-时间曲线如图 7-16 所示。

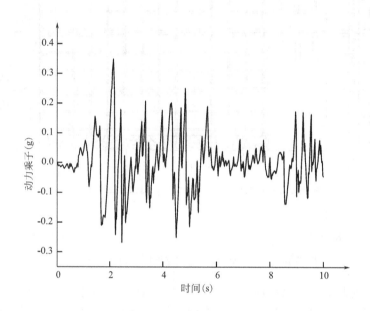

图 7-16 x 向地震加速度-时间曲线

2. 边坡动力响应分析

为分析边坡不同位置处位移、加速度、速度等随地震持续时间的变化规律，在进行模型计算之前在各级边坡坡脚处选择节点与应力点作为监测点。由于边坡较高，支护锚杆数也较多，仅选取具有一定代表性的点作为监测点。所选取的各监测点坐标分别为：A（25，4.5，60）、B（34，4.5，51）、C（46，4.5，41）、D（58，4.5，31）、E（70，4.5，21）。

（1）地震作用下边坡位移分布规律

计算完成后，地震作用前后边坡位移变化云图如图 7-17 所示。对比分析地震作用前后边坡位移变化云图可知，边坡最大位移由地震前的 0.1355m 增大至 0.2261m。静力作用下，边坡最大位移发生在坡脚及稍向上一定范围内，而地震作用后，边坡整体均发生较大位移，且位移峰值出现在坡顶附近位置处。说明地震作用对边坡坡顶位移影响较大，是导致边坡发生破坏的主要因素。从 PLAXIS 3D 输出程序提取各监测点的位移随地震时间的变化数据，绘制位移随动力时间的变化曲线如图 7-18 和图 7-19 所示。

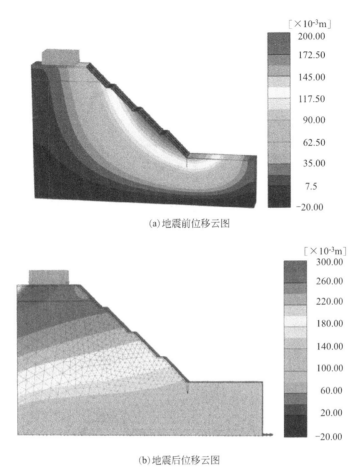

(a) 地震前位移云图

(b) 地震后位移云图

图 7-17 边坡位移云图

从图中可知：① 由于输入的地震波沿 x 方向，边坡在地震作用下的位移以 x 向为主，y 向位移幅值很小，与水平位移相比可忽略；由于边坡土层以卵石层为主，竖直方向（z 向）有较小的沉降位移；② 各检测点处 x 向的位移随地震持续时间具有相似的变化规律，沿坡脚向上位移峰值逐渐增大，说明地震作用对坡顶影响大。

（2）地震作用下边坡加速度分布规律

边坡内所选取监测点处的加速度随地震持续时间的变化曲线如图 7-20 和图 7-21 所示。从图中可知：① 各监测点的加速度与所选用的地震波具有相似的波动形式，仅峰值有所不同，说明地震作用时，边坡整体位移均随地震持续时间有不同程度的波动；② 各监测点的 x 向、z 向加速度变化在时间上与地震加速度具有同步性，y 向加速度值很小，可以忽略不计；③ x 方向加速度沿坡顶方向具有明显的放大效应，在坡顶附近监测点的加速度峰值最大，这也是引起坡顶处位

139

移最大的原因。

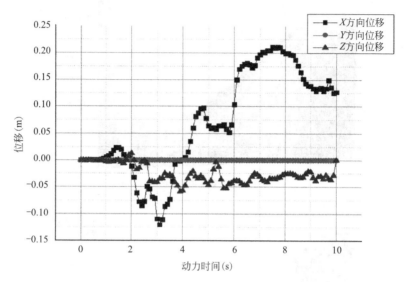

图 7-18　*A* 点 *x*、*y*、*z* 方向位移随时间变化图

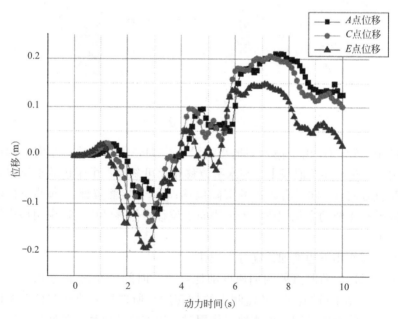

图 7-19　各监测点水平位移随时间变化曲线

（3）地震作用下边坡速度分布规律

边坡内各监测点的运动速度随地震持续时间的变化曲线如图 7-22 和图 7-23

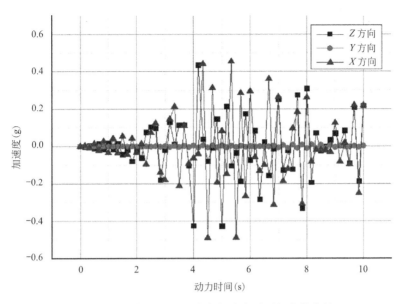

图 7-20　A 点 x、y、z 方向加速度随时间变化曲线

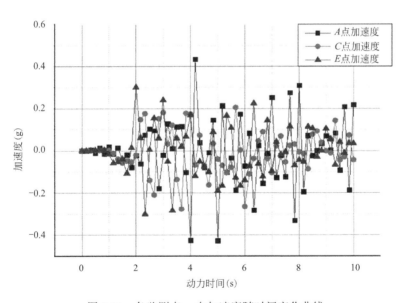

图 7-21　各监测点 x 向加速度随时间变化曲线

所示。从图中可知：① 各监测点的速度随地震时间呈波动性变化，且具有相似的波形形式；② 各监测点在 x 方向的运动速度远大于在 y、z 方向的速度。

（4）地震作用下锚杆轴力分析

PLAXIS 3D 有限元软件中采用点对点锚杆单元模拟锚杆的自由段。设计模

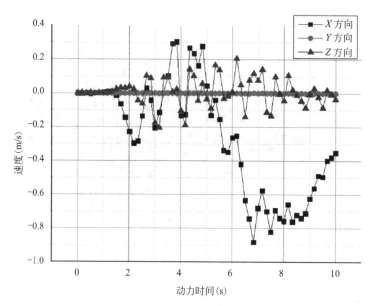

图 7-22 A 点 x、y、z 向速度随施加变化曲线

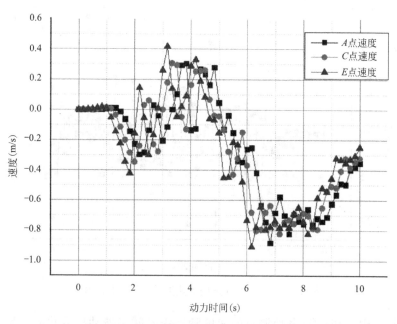

图 7-23 各监测点 x 向速度随时间变化曲线

型中锚杆自由段施加预应力为 100kN，取每排中间一根锚杆地震前后轴力变化情况如表 7-7 所示，各道锚杆自由段轴力折线图如图 7-24 所示。地震作用前锚杆轴

力基本无变化，地震作用后锚杆轴力变化较大，且位于每一级边坡坡顶位置处的锚杆轴力最大，坡脚位置处最小。说明每两级边坡之间平台的设置使每一级边坡在坡顶位置处变形增大，土压力大，而预应力锚杆的施加，阻止了沿坡底方向位移的进一步发展，从而使坡脚处位移减小，锚杆轴力也逐渐降低。

各道锚杆自由段轴力表　　　　　　　　　　　　　　表 7-7

锚杆编号	1	2	3	4	5	6	7
	第四级坡			第三级坡			
静力轴力(kN)	91.474	98.677	99.358	98.155	98.876	99.359	99.730
地震轴力(kN)	182.523	172.152	154.919	227.918	196.867	187.278	182.799
锚杆编号	8	9	10	11	12	13	14	15
	第二级坡				第一级坡			
静力轴力(kN)	99.115	99.571	99.798	100.021	100.115	100.176	100.097	96.308
地震轴力(kN)	320.049	250.797	230.967	226.946	391.698	283.601	258.324	198.478

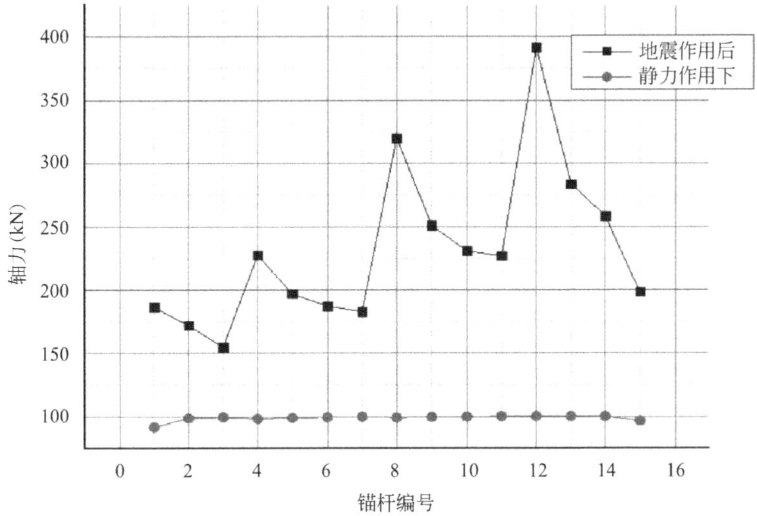

图 7-24　地震前后锚杆自由段轴力变化图

锚杆锚固段采用嵌入式梁单元模拟。地震作用后，取每一级边坡距离坡顶最近一排中间一根锚杆的锚固段沿杆长的轴力值，其锚固段轴力沿杆长变化如图 7-25 所示。由轴力图可知，与静力作用相比，地震作用后锚固段的轴力显著增大，这也表明地震作用下锚杆锚固段轴力最大值处于锚固段与自由段接触位置，并沿锚固段递减，在锚固段端点位置轴力最小。锚杆锚固段需打入边坡体的稳定土层，而锚杆受力时的轴力是由自由段传递到锚固段，再由锚固段传到边坡体的稳定土层中的。锚固段轴力沿杆长递减，也说明了锚固段轴力逐渐传递到稳定土层，在锚固段端点处轴力已基本完全传递给周围土体。

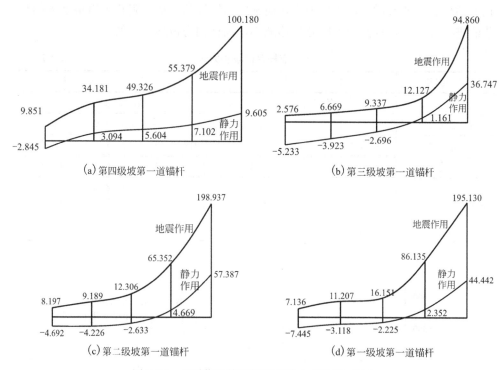

图 7-25　地震作用前后锚固段轴力变化图（kN）

（5）地震作用下抗滑桩桩身内力分析

在多级高边坡的坡脚位置设置抗滑桩，可以与横梁、立柱形成受力体系，更好地约束边坡的变形，增大边坡的稳定性。该模型边坡坡脚抗滑桩在地震前后的内力变化情况如表 7-8 所示，静力与地震作用下抗滑桩桩身弯矩图如图 7-26 所示。静力作用下，抗滑桩的剪力和弯矩值均较小，也表明边坡变形较小，处于稳定状态，抗滑桩的作用还未完全发挥。地震作用后，边坡的剪力和弯矩值均发生突变，表明地震作用使边坡整体变形发生突变，抗滑桩周围土压力突增，导致抗滑桩的内力也随之突增来抵抗边坡的变形。抗滑桩内力的剧增，也可说明抗滑桩对抵抗边坡变形有显著效果，在一些高边坡的坡脚设置抗滑桩是很有必要的。

抗滑桩内力　　　　　　　　　　　　　表 7-8

高程(Z)		21	20	19	18	17
地震前	轴力(kN)	7.375	1.801	−3.772	−13.193	−22.697
	剪力(kN)	0.495	0.08	−0.334	−0.738	−0.865
	弯矩(kN·m)	−1.985	−2.155	−2.08	−1.129	0.000

续表

高程(Z)		21	20	19	18	17
地震后	轴力(kN)	668.961	701.968	734.854	717.621	660.058
	剪力(kN)	−447.236	−291.418	−135.601	104.461	189.988
	弯矩(kN·m)	−50.743	167.836	294.198	207.317	0.000

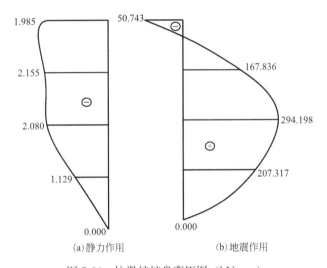

图 7-26　抗滑桩桩身弯矩图（kN·m）

第8章

在原位加固工程中的应用及动力分析

8.1 中石油甘肃石油分公司富源加油站边坡加固

8.1.1 工程概况

富源加油站改造项目场地位于甘肃省兰州市榆中县定远镇定远村的北部、国道312线的东侧，该加油站为已建工程，场地内分布有加油站棚、站房、配电室、更衣室、营业厅、办公及财务室、宿舍、储物间、休息室、储罐区、生产辅助区、锅炉房、浴池、厨房、餐厅、柴油发电机房、贮水池和卫生间等建筑物，此次改造项目主要是对上述建筑物（卫生间除外）进行改造治理。

站房、配电室、更衣室、营业厅、办公及财务室、宿舍、储物间、休息室为两层框架结构建筑；加油站棚为一层轻钢结构；生产辅助区、锅炉房、浴池、厨房、餐厅、柴油发电机房为一层框架结构建筑，储罐区、贮水池为混凝土结构建筑。

原边坡以加油站营业厅东侧外墙为分界，以东为自然边坡，高度在3.0m左右；以西为已采用毛石挡墙加固的边坡，但是在营业厅背面侧的毛石挡墙由于雨水疏导不畅已出现明显破坏，营业厅西侧外墙以西的毛石挡墙基本完好，高度均在3.0m左右。本次改造项目不仅对站内相关建筑设施进行改造治理，而且考虑到周边边坡的永久性安全，对边坡也进行加固处理。边坡总长大约81.5m，根据《建筑边坡工程技术规范》GB 50330的规定，该边坡的安全等级为二级。

8.1.2 工程地质条件

（1）场地地形地貌

该项目场地位于甘肃省兰州市榆中县定远镇定远村的北部、国道312线的东侧，该场地的地形较为平坦，勘察期间场地地面高程最大值为1570.58m，地面相对高差0.27m。从地貌单元上看，场地所处地貌类型为山前洪积平原与方家泉冲沟交汇地带。

（2）场地地层及岩性

根据勘探资料可知，场地土主要由填土，第四系冲洪积粉土、碎石组成，现自上而下分述如下：

① 素填土：浅黄～灰黄土，以黄土状粉土为主，含煤渣、石灰、碎石块及塑料等，局部有建筑垃圾，土质不均匀，稍湿，松散～稍密，人工新近回填。场区普遍分布，厚度为 2.00～2.50m，平均 2.28m；层底标高为 1567.97～1568.34m，平均 1568.19m；层底埋深为 2.00～2.50m，平均 2.28m。

② 黄土状粉土：褐黄色，土质较均匀，以粉土为主，含白色盐类物质及钙质结核，具虫孔和植物根孔，下部白色盐类含量较大，局部有红褐色粉质黏土团块，摇振反应中等，无光泽反应，干强度低，韧性低，稍湿，稍密。洪积成因。场地普遍分布，该层厚度较大，最大钻探厚度为 33.20m，层面埋深为 2.00～2.50m，平均 2.28m，层面标高为 1 567.97～1568.34m，平均 1 568.19m。

8.1.3　支护方案

（1）治理范围

本次边坡加固处理的范围为从西侧现有毛石挡墙至东侧油罐区，总长约 58.2m，虽然此段边坡高度不大，但是其对加油站场地内的建筑物和构筑物的安全稳定性有重要影响，所以需要加固。

（2）治理原则

对边坡土体进行加固，使其达到长期稳定状态，满足建筑边坡安全要求；对坡面上的雨水进行疏排，减少雨水对加固后边坡及道路的影响。

（3）治理方案

① 清理坡面；

② 边坡加固；

③ 雨水拦挡疏排。

（4）设计标准

① 边坡安全等级为二级；

② 地震抗震设防烈度为 8 度；

③ 防腐等级为 I 级。

加固措施安全，经济合理，尽量兼顾美观。

（5）设计参数

根据建设单位提供的总平面图，本次设计参数选择如下：

① 边坡设计坡角：边坡按单级设计，既有挡墙区域按 90°考虑，其余区域坡角为 80°。

② 岩土体参数：在边坡加固深度范围内，土体土质均匀，主要为素填土和黄土状粉土，边坡土体参数根据《岩土工程勘察报告》和工程经验选择见表 8-1。

边坡土体参数 表 8-1

岩土名称	重度(kN/m³)	黏聚力(kPa)	内摩擦角(°)	土体极限摩阻力(kPa)
素填土	16.5	12.0	20.0	40.0
黄土状粉土	17.0	15.0	26.0	60.0

（6）治理设计

① 坡面清理：人工清除边坡上的浮土及杂草，进行削坡处理，使边坡的坡角满足设计要求。

② 边坡锚固：边坡土体总体采用带面板式框架预应力锚杆挡墙进行加固，挡墙高度 3.0m 左右。由于营业厅背面侧毛石挡墙已破坏，因此在施工时先将其拆除，待框架锚杆挡墙施工完毕后，将原先拆除的毛石再嵌于框架梁柱之间。如果毛石用量不够，可采用喷射混凝土面板。具体方案见边坡加固施工图 8-1 所示。

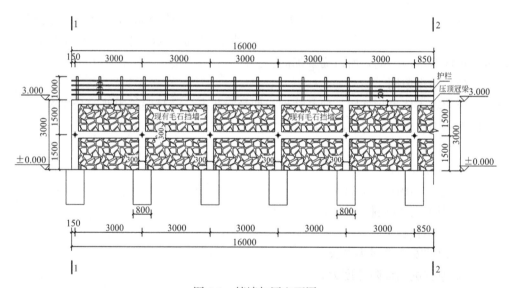

图 8-1　挡墙加固立面图

8.1.4　支护边坡动力响应及稳定性分析

1.模型的建立

地震是发生边坡失稳的重要原因之一，我国多山多地震的地质地理条件不可避免地带来大量和地震有关的边坡问题。目前，边坡的地震稳定性分析常用的办法主要有：拟静力法、有限滑动位移法、地震反应分析的剪切楔法、地震边坡的概率分析方法以及数值方法。鉴于 PLAXIS 3D 有限元分析软件在岩土工程问题中专业的分析能力，本节将通过 PLAXIS 3D 有限元分析软件，对富源加油站边坡原位加固项目在地震作用下的动力响应进行模拟分析，以展示该软件在边坡原位加固工程中的应用。

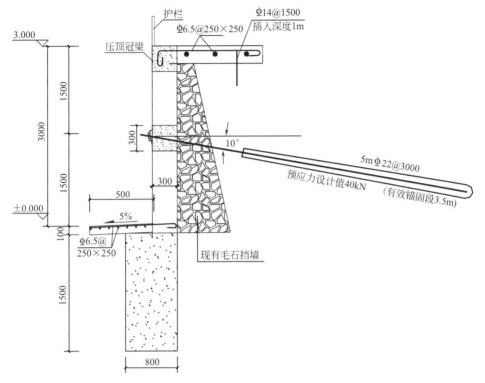

图 8-2　挡墙剖面图

本节对营业厅以西既有毛石挡墙部分进行模拟，其剖面图如图 8-2 所示。根据场地地层岩性以及工程概况，选取尺寸为 $16m \times 20m \times 20m$ 的场地建立边坡模型。原位加固形式采用框架预应力锚杆加固形式。原有毛石挡墙按实际工程情况将高度设置为 3m，坡脚按 $90°$ 设置，毛石弹性模量设为 $22.0 \times 10^6 kN/m^2$，泊松比 u 为 0.2。锚杆总长度 5m，有效锚固段长度 3.5m，采用嵌入式梁单元对锚固段进行模拟，锚杆预应力设置为 40kN。毛石挡墙底部设置有抗滑桩，抗滑桩桩径 0.8m，采用嵌入式梁单元模拟其与周围土体的相互作用。模拟输入的地震波为 EL-Centro 波，加速度峰值 $0.3g$，持续时间为 10s。土体模型采用弹塑性本构模型即摩尔库仑准则。本例选取毛石挡墙的顶点 A （1.50，15.00，0.00）、毛石挡墙的坡脚点 C （1.50，15.00，-3.00）以及毛石挡墙之后土体—表面点 E （6.98，10.04，0.00）进行地震作用下的动力分析。边坡模型如图 8-3 所示。

2. 边坡地震响应分析

值得注意的是动力分析是建立在静力分析的基础上的，故在使用 PLAXIS

3D有限元分析软件对该原位加固边坡进行地震作用下的模拟时，应首先对该边坡进行静力分析，然后，激活地震作用，得到其在地震作用下的位移云图（图8-4）以及 A 点、C 点和 F 点的位移-时间曲线和加速度-时间曲线。

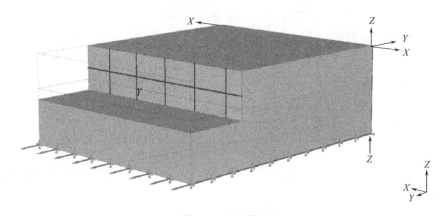

图 8-3　边坡模型

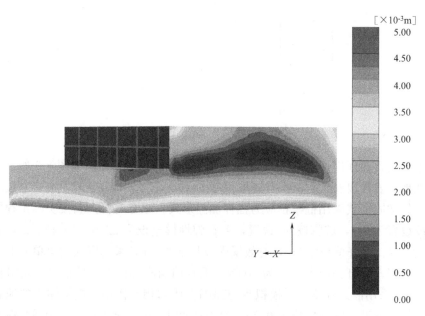

图 8-4　地震作用下总位移图

图8-5为 A、C 和 E 三点在地震作用下的位移-时间曲线，其中，A 点的峰值位移为 1.10cm，位于坡底的 C 点位移峰值为 1.15cm，处于滑移面内的 E 点位移峰值最大为 1.21cm，这个结果较好地吻合了地震作用下坡顶位移大于坡底位移的结论。综合图8-3和图8-4，可以看到整个边坡经历地震作用后，依然不

会发生较大的位移，这说明原位加固设计是有效合理的。

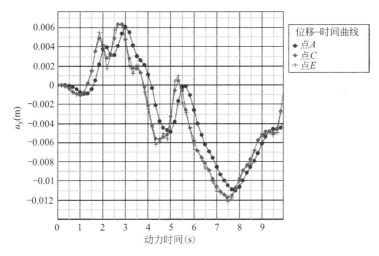

图 8-5　A、C 和 E 点位移-时间曲线

图 8-6 是 A 点、C 点和 E 点在 y 坐标轴方向的加速度-时间曲线，从图中可以看到，位于毛石挡墙顶部的 A 点和位于坡底的 C 点加速度较小，而位于滑动面顶部的 E 点加速度较大，达到了 $0.39\mathrm{m/s^2}$。由此可以看出，在地震作用下，坡顶的加速度会大于坡底的加速度，且边坡对地震作用放大明显。

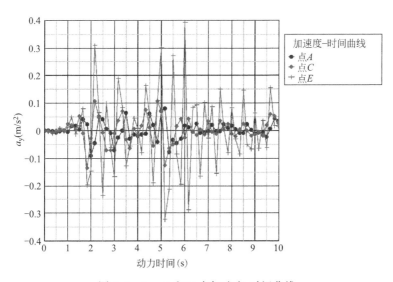

图 8-6　A、C 和 E 点加速度-时间曲线

从图 8-7 中可以看出在地震作用下，锚杆的轴力发生相当大的变化，从边坡两侧一直到最中间的锚杆，轴力都有很大的增长，尤其是边坡两侧锚杆的轴力在

受到地震影响后，不但轴力增长幅度大于中间的锚杆，而且其轴力也大于中间锚杆的轴力，这种现象与单一采用框架预应力锚杆加固后的边坡的地震响应有很大的不同。

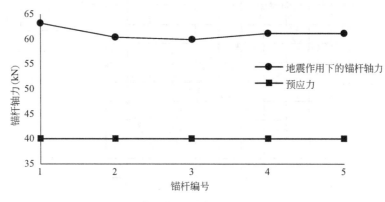

图 8-7　各锚杆地震作用前后轴力比较

8.1.5　结语

本节通过使用 PLAXIS 3D 有限元程序模拟富源加油站边坡原位加固项目，拓展了 PLAXIS 3D 软件的应用范围，验证了地震对边坡的响应具有放大作用的结论，但数值模拟毕竟会与工程实际有所偏差，所以，针对实际中的工程不能盲目依赖于软件分析，还要通过实验以及实际工程来验证理论分析的结果，这样才能获得正确的结论。

8.2　中石油甘肃石油分公司皋兰加油站边坡加固

8.2.1　工程概况

拟建的皋兰加油站改造项目场地，位于皋兰县忠和镇忠和村，109 国道西侧，其交通便利。拟建的皋兰加油站改造项目场地内布置的建筑物有：加油站棚、办公室、营业室、配电室、宿舍、餐厅、储罐区等。工程重要性等级均为三级，场地属于二级场地（中等复杂场地），地基等级为二级（中等复杂地基）。

原边坡已采用毛石做了护坡挡墙，但是由于地面出现了不均匀沉降，营业厅背面侧毛石挡墙已严重破坏，而营业厅以南局部毛石挡墙基本完好。挡墙最高处约 8.0m，最低处约 6.5m。根据《建筑边坡工程技术规范》GB 50330 的规定，该边坡的安全等级为二级。

8.2.2　工程地质条件

（1）场地地形地貌

该场地地形概况为东北高，西南低，目前地面标高最大值为 1 600.17m，最小值为 1 598.09m，地表相对高差 2.08m。所处地貌单元为山前沟谷坡洪积地貌。

（2）场地地层及岩性

在勘察深度范围内，底层结构较为简单，地基土各层自上而下分别简述如下：

① 杂填土：灰黄褐色，主要成分为粉土，含砂砾及三七灰土等，地表为水泥地面，稍湿，稍密，人工回填，场区普遍分布，厚度为 0.50～6.50m，平均 2.83m，层底标高为 1 592.39～1 599.57m，平均 1 596.53m。

② 粉土：黄褐色，土质不均匀，含砂砾石，具大孔，局部有中细砂及砾石薄夹层，无光泽反应，低韧性，干强度低，稍湿，稍密，坡积洪积成因。厚度为 5.30～12.00m，平均 8.44m，层底标高为 1 584.07～1 592.97m，平均 1 588.09m。

③ 粗砂：棕黄色，质不纯，含砾石，矿物主要成分为石英及长石，中密，洪积成因，局部分布，呈尖灭状，厚度：1.50～1.60m，平均：1.55m，层底标高：1 584.75～1 584.98m，平均：1 584.87m。

④ 圆砾：黄褐～浅棕红色，中粗砂充填，分选性及级配较差，棱角状，粒径大于 2mm 的颗粒约占总质量的 55%～65%，含卵石，母岩主要成分为砂岩、石英岩及变质岩等，多有中砂及细砂薄夹层，稍密～中密，洪积成因，层面埋深为 6.90～14.50m，平均 11.48m，层面标高为 1 584.07～1 592.97m，平均 1 587.88m，该层厚度较大，最大钻透度厚度为 6.10m。

④-1 中砂：灰褐色，质不纯，含砾石，矿物主要成分为石英及长石，中密，洪积成因，局部分布，以透镜体状分布于 9 号孔范围第④层圆砾中，厚度为 1.70m，层面标高为 1 586.07m，层底标高为 1 584.37m。

（3）水文地质条件及场地土的腐蚀性评价

在勘探深度范围内未发现地下水，设计及施工时可不考虑地下水的影响。场地内土对混凝土结构具弱腐蚀性，对钢筋混凝土结构中钢筋具微腐蚀性。

8.2.3　支护方案

1. 治理范围

本次边坡加固处理的范围为从北侧营业厅至南侧生活区，由于此段边坡高度较大，其对加油站场地内的建筑物和构筑物的安全稳定性有重要影响，所以考虑采取加固措施使其达到永久性安全的目的。

2. 治理设计

（1）设计标准

① 边坡安全等级为二级；

② 地震抗震设防烈度为 8 度；

③ 防腐等级为 I 级；

④ 加固措施安全，经济合理，尽量兼顾美观。

（2）设计参数

根据建设单位提供的总平面图，本次设计参数选择如下：

① 边坡设计坡角：边坡按单级设计，原位加固区域按直立考虑，其余坡角为 80°；

② 岩土体参数：在边坡加固深度范围内，土体土质均匀，主要为杂填土、粉土和粗砂，边坡土体参数根据《岩土工程勘察报告》和工程经验选择见表 8-2。

边坡土体参数　　　　　　　　　　　　　　　　　　表 8-2

岩土名称	重度(kN·m⁻³)	黏聚力(kPa)	内摩擦角(°)	土体极限摩阻力(kPa)
杂填土	16.5	15.0	24.0	50.0
粉土	17.0	15.5	27.0	70.0
粗砂	18.0	0.0	28.0	120.0
圆砾	20.0	10.0	30.0	160.0

（3）加固设计

① 坡面清理：人工清除边坡上的浮土及杂草，进行削坡处理，使边坡的坡角满足设计要求。

② 边坡锚固：在毛石挡墙基本完好区域采用格构式框架预应力锚杆挡墙进行加固，在其余区域采用带面板的框架预应力锚杆挡墙加固。由于营业厅背面侧毛石挡墙已破坏，因此在施工时先将其拆除，待框架锚杆挡墙施工完毕后，将原先拆除的毛石再嵌于框架梁柱之间。具体方案见边坡加固施工图 8-8 所示。

8.2.4　支护边坡动力响应及稳定性分析

地震是影响边坡稳定的一个重要性因素，地震过程中边坡内部质点的位移、应力和应变均随地震持续时间不停地变化。本节利用 PLAXIS 3D 岩土

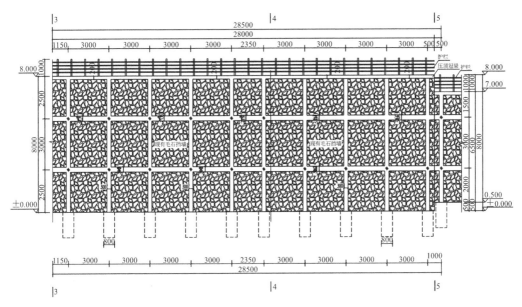

图 8-8　原位加固挡墙立面图

有限元软件对地震作用下边坡的动力响应进行动力时程分析。影响边坡稳定性的因素是多方面的，为了排除其他因素，得出地震单独作用对边坡稳定性的影响，对边坡的计算模型进行一定的简化，即不考虑地下水渗流及地表水入渗的影响，并通过在模型底部输入地震加速度时程曲线对边坡进行动力有限元计算分析。通过选取边坡主要部位的节点及应力点，计算后得出边坡不同部位的变形、应力应变情况和位移、速度、加速度时程曲线，进而得出地震对边坡稳定性的影响。

1. 模型的建立

本模型选取边坡 1-1 剖面至 3-3 剖面区段，其位于加油站东北角，边坡之上约四米远处为加油站二层办公楼，如图 8-9 所示。由于原毛石挡墙发生破坏，现采用框架预应力锚杆加固。同时向毛石挡墙下 4m 打入抗滑桩，与上部框架相连接。

选取模型宽（x 方向）为 9m，长为 33m（y 方向）。毛石挡墙高为 8m，其下抗滑桩长度为 4m。各土层的厚度取场地土层的平均厚度。锚杆分为两排布置，按照其设计间距，模型范围内每排布置三根锚杆。地震作用下，边坡边界条件的设置与静力计算有所不同，动力计算需考虑土层介质的成层性和地震波在边界处的反射作用，因此，本模型在 y 方向选择 PLAXIS 3D 软件提供的黏性边界条件。

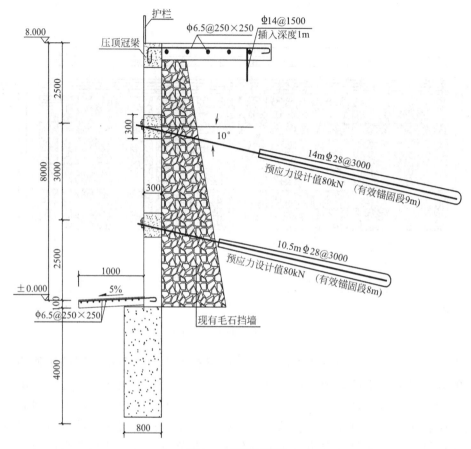

图 8-9　挡墙剖面图

由于毛石挡墙垂直剖面为直角梯形，故运用四块板模拟四周，内部用素混凝土填充。

该边坡模型输入的地震波采用 EL-Centro 波加速度时程曲线，峰值地震加速度为 $0.3g$，地震持续时间取 15s，地震加速度-时间曲线如图 8-10 所示。

2. 边坡动力响应分析

为分析边坡不同位置处位移、加速度、速度等随地震持续时间的变化规律，在进行模型计算之前在各级边坡坡顶与坡脚以及坡顶靠内 6m 处选择节点与应力点，所选取的各点坐标为：A（4.5，0，0）、B（4.5，0，−4）、C（4.5，0，−8）、D（4.5，0，−12）和 E（4.5，6，0）。

（1）地震作用下边坡位移分布规律

计算完成后，地震作用前后边坡位移变化分别如图 8-11 和图 8-12 所示。对比分析地震作用前后边坡位移变化云图可知，边坡最大位移由地震前的 0.1995m

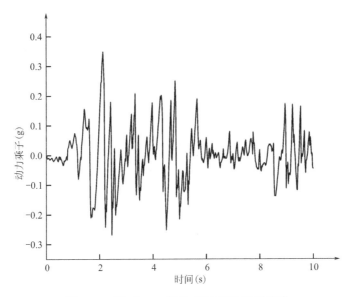

图 8-10 EL-Centro 波地震加速度-时间曲线

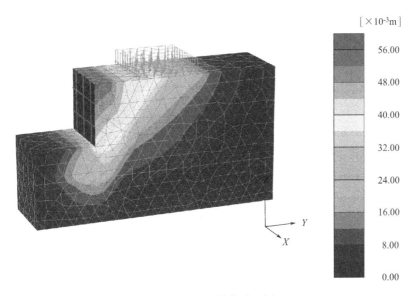

图 8-11 地震前位移云图

增大至 0.2926m，说明地震作用使边坡位移急剧增大，这是导致边坡发生破坏的主要因素。变形网格图如图 8-13 所示，从计算结果提取各选取点的数据，绘制位移随地震持续时间的变化曲线如图 8-14 所示。

从图 8-13 可知，该边坡在地震作用下的主要变形为向临空一侧（y 轴负方

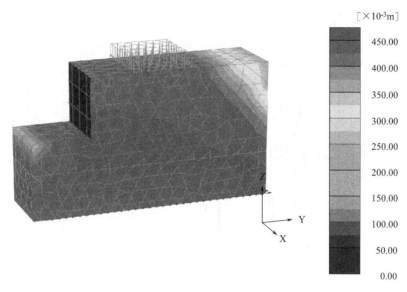

图 8-12　地震后位移云图

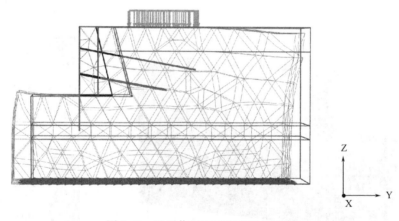

图 8-13　地震作用下网格变形位移图

向）产生了位移，毛石挡墙的倾覆也可忽略不计，且各检测点在地震作用下保持
一致进行运动。坡体上方的楼体所产生的荷载也并未在边坡上产生明显沉降。

（2）地震作用下边坡加速度分布规律

边坡内各点处的加速度随地震持续时间的变化曲线如图 8-15 和图 8-16 所示。
从图中可知：①各监测点的加速度具有相似的波动形式；②各质点的 x 向、y
向、z 向加速度变化幅值均较大；③y 方向加速度在毛石挡墙表面处及抗滑桩上
放大效应明显（A 点、B 点、C 点、D 点），而在坡顶平台上加速度可以忽略
（E 点、F 点）。

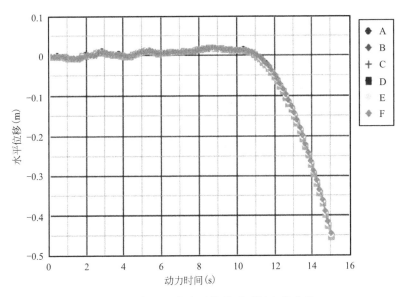

图 8-14 各监测点水平位移随时间变化曲线

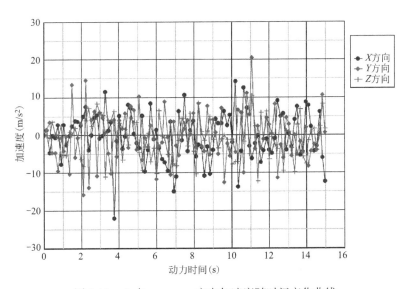

图 8-15 A 点 x、y、z 方向加速度随时间变化曲线

（3）地震作用下边坡速度分布规律

边坡内各点处的运动速度随地震持续时间的变化曲线如图 8-17 所示。从图中可知，各监测点的速度随地震时间呈波动性变化，且具有相似的波形形式。

（4）锚杆锚固段轴力变化

施工中锚杆施加的预应力为 80kN，取出上面一排锚杆中的一根，其锚固段

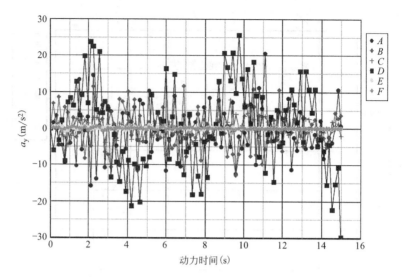

图 8-16　各监测点 y 方向加速度随时间变化曲线

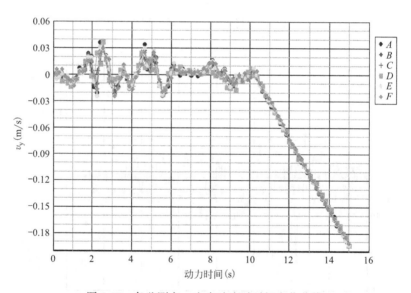

图 8-17　各监测点 y 方向速度随时间变化曲线

轴力地震前后变化情况如图 8-18 所示。图中 z 轴数值越小代表锚杆单元的位置越接近锚杆末端。由图可知，地震作用前锚杆锚固段轴力变化为从自由段与锚固段的交界处到锚杆末端逐渐减小。地震作用后锚杆锚固段轴力分布产生变化，锚固段的轴力最大值产生在距离末端 2/3 长度处，且该点所处的一个区段范围内锚固段轴力超过 80kN，说明锚固段在地震作用中既有受拉段也有受压段。

（5）锚杆锚固段摩阻力变化

图 8-19 为锚杆锚固段在地震前后的摩阻力对比图。通过图 8-19 可以发现，

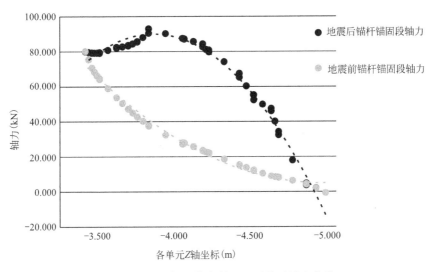

图 8-18　锚杆锚固体各单元地震前后轴力曲线

锚固段的摩阻力在地震前的分布也是由自由段与锚固段的交界处到锚杆末端逐渐减小，且都为负值，说明在地震前锚杆起到了较好的约束坡体的作用。锚固段在地震后其摩阻力分布也产生了较大的变化。其中一段的摩阻力变为正值，通过与图 8-18 对比，发现该段大致与图 8-18 中地震后锚固段的受压段位置一致。而摩阻力为负值的一段，与地震前相比，其摩阻力明显变大。

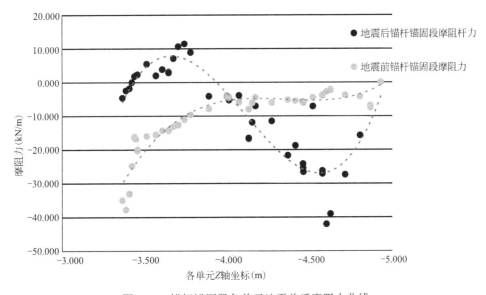

图 8-19　锚杆锚固段各单元地震前后摩阻力曲线

参考文献

[1] 王兰民.黄土动力学 [M].北京：地震出版社，2003.

[2] 段汝文，王峻，李兰.黄土的物理力学指标与黄土易损性分析研究 [J].西北地震学报，1997，19（3）：81-85.

[3] 王峻.黄土易损性与地震黄土滑坡关系探讨 [J].甘肃科学学报，2008，20（2）：36-40

[4] 关文章.湿陷性黄土工程性能新篇 [M].西安：西安交通大学出版社，1992.

[5] 段汝文，李兰，王峻.不同性状黄土的震陷特性及震害评估 [J].西北地震学报，1997，19（增刊）：88-93.

[6] 王峻.黄土震陷试验与评价 [J].甘肃科学学报，1999，11（1）：6-9.

[7] 白铭学，张苏民.高烈度地震及黄土地层的液化移动 [J].工程勘察，1990，107（6）：1-5.

[8] 王家鼎，张悼元.地震诱发高速黄土滑坡的机理研究 [J].岩土工程学报，1999，21（6）：670-674.

[9] 陈永明，石玉成.中国西北黄土地区地震滑坡基本特征 [J].地震研究，2006，29（3）：276-280.

[10] 郎煜华，中村浩之，曾思伟等.兰州市永登 5.8 级地震滑坡及其特征 [J].甘肃科学学报，1996，8（增刊）：67-72.

[11] 国家地震局兰州地震研究所，宁夏地震局.1920 年海原大地震 [M].北京：地震出版社，1980.

[12] 刘百篪，周俊喜，李勤梅等.1718 年通渭地震和 1654 年天水地震区航空照片判读 [J].地震科学研究，1984（1）：1-7.

[13] 郭增建，马宗晋.中国特大地震研究 [M].北京：地震出版社，1988.

[14] 黄润秋，许强.中国典型灾难性滑坡 [M].北京：科学出版社，2008.

[15] 张振中.黄土地震灾害预测 [M].北京：地震出版社，1999.

[16] 张永双，雷伟志，石菊松.四川"5.12"地震次生地质灾害的基本特征初析 [J].地质力学学报，2008，14（2）：109-114.

[17] 张立海，张业成，刘向东.中国地震次生地质灾害分布及地市级危险性区划研究 [J].防灾减灾工程学报，2009，29（3）：356-360.

[18] 中华人民共和国住房和城乡建设部，中华人民共和国国家质量监督检验检疫总局.建筑边坡工程技术规范 GB 50330—2013 [S].北京：中国建筑工业出版社，2013.

[19] 中华人民共和国住房和城乡建设部.建筑基坑支护技术规程 JGJ120—2012 [S].北京：中国建筑工业出版社，2012.

[20] Mononobe N，Takata A and Matumura M. Seismic effects on earth fill dams [J]. In：Van Roekel J. H. eds. Proc. 3rd world Conf. Earthq. Engrg.，R. E. Owen government printer，Wellington，New Zealand，1936，Paper Ⅲ，373-390.

[21] Hatanaka M. 3-Dimensional consideration on the vibration of earth dams [J]. Journal of

the Sanitary Engineering Division, American Society of Civil Engineers, 1952, 37: 10.

[22] Hatanaka M. Fundamental consideration on the earthquake resistant properties of the earth dams [J]. Bulletins-. Disaster Prevention Research Institue, 1955, 11 (44): 38-48

[23] Ambraseys N N. On the shear response of a two- dimensional truncated wedge subjected to an arbitary disturbance [J]. Bull Seism Soc Am, 1960a, 50 (1): 45-56.

[24] Ambraseys N N. The seismic stability of earth dams [J]. In: Proc. 2nd World Conf. on Earthq. Engrg., Tokyo, Gakujutsu Bunken Fukya-kai, 1960b, Ⅱ, 1345-1363.

[25] Gazetas G. Seismic response of earth dams: some recent development [J]. Soil Dynamics and Earthquake Engineering, 1987, 6 (1): 3-47.

[26] Gazetas G, Dakoulas P. Seismic analysis and design of rockfill dams-State of the art [J]. Soil Dynamics and Earthquake Engineering, 1992. 11: 27-61.

[27] Newmark N M. Effects of earthquakes on dams and embankments [J]. Geotechnique, 1965, 15 (2): 139-160.

[28] Franklin A G, Chang F K. Earthquake resistance of earth and rock-filled dams, rep. 5: permanent displacements of earth embankments by Newmark sliding block analysis [J]. Waterways Experimental Station, Vicksburg, Misc. 1977. Pap: S-71-17.

[29] Makdisi F I, Seed H B. Simplified procedure for evaluating embankment response [J]. Journal of Geotechnical and Geoenvironmental Engineering ASCE, 1979. 105 (12): 1427-1434.

[30] Sarma S K. Seismic stability of earth dams and embankments [J]. Geotechnique, 1975, 25 (4): 743-761.

[31] Seed H B. Consideration in the earthquake design of earth and rockfill dams [J]. Geotechnique, 1979, 29 (3): 215-263.

[32] Constantinous M C, Gazetas G A, Tadjbakhsh I. Stochastic seismic sliding of rigid mass supported through non-symmetric friction [J]. Earthquake Engineering & Structural Dynamics, 1985, 12: 777-793.

[33] Kramer S L, Smith M W. Modified Newmark model for seismic displacements of compliant slopes [J]. Journal of Geotechnical and Geoenvironmental Engineering ASCE, 1997, 123 (7): 635-644.

[34] Seed H B. Stability of earth and rockfill dams during earthquake: in Embankment-Dam Engrg [J]. International Journal of Rock Mechanics & Mining Sciences & Geomechanics Abstracts, 1975, 12 (4): 67.

[35] Castro G. Liquefaction and cyclic mobility of saturated sands [J]. Journal of Geotechnical and Geoenvironmental Engineering ASCE, 1975, 2: 1188-1215.

[36] Castro G, Poulos S J. Factors affecting liquefaction and cyclic mobility [J]. Journal of Geotechnical and Geoenvironmental Engineering ASCE, 1977, 103 (6): 501-516.

[37] Dobry R et al. Liquefaction evaluation of earth dams-a new approach [J]. Proc 8th World Conf Earthq Engrg San Francisco, 1984, Ⅲ: 33-40.

[38] Poulos S J, Castro G, France J W. Procedure for liquefaction evaluation [J]. Journal of

Geotechnical and Geoenvironmental Engineering ASCE，1985，111（6）：772-792.

[39] Yegian M K，Marciano E A，Ghahraman V G. Earthquake induces permanent deforma-tions probabilistic approach [J]. Journal of Geotechnical and Geoenvironmental Engineer-ing ASCE，1991，117（1）：35-50.

[40] Yegian M K and Harb J N. Slip displacements of geosynthetic systems under dynamic ex-citation [J]. In：Yegin M K and Finn W D L eds. Earthq. Design and performance of solid waste landfills，San Diego，California，ASCE Geotechnical Special Publication，1995，No. 54，212-236.

[41] Yegian M K，Harb J N，Kadakal U. Dynamic response analysis procedure for landfills with geosynthetic linears [J]. Journal of Geotechnical and Geoenvironmental Engineering，1998，124（10）：1027-1033.

[42] Halatchev R V. Probabilistic stability analysis of embankment and slopes [J]. Proceeding of the 11th international conf on ground control in mining，1992：432-437.

[43] Al-homoud A S，Tahtamoni W W. Reliability analysis of three dimensional dynamic slope stability and earthquake-induced permanent displacement [J]. Soil Dynamics and Earth-quake Engineering，2000，19（2）：91-114.

[44] 孙宪京，韩国城. 土石坝与地基地震反应分析的波动-剪切梁法 [J]. 大连理工大学学报，1994，34（2）：173-179.

[45] 徐志英，周建. 奥罗维尔土坝三维排水有效应力分析 [J]. 地震工程与工程振动，1991，22（6）：19-27.

[46] 徐志英，周建. 奥罗维尔土坝三维简化动力分析 [J]. 岩土工程学报，1996，18（7）：82-87.

[47] 黄文熙. 土的工程性质 [M]. 北京：水利电力出版社，1983.

[48] 沈珠江. 理论土力学 [M]. 北京：中国水利水电出版社，2000.

[49] 顾淦臣. 土石坝地震工程 [M]. 南京：河海大学出版社，1989.

[50] 钱家欢，殷宗泽. 土工原理与计算（第二版）[M]. 北京：中国水利水电出版社，1996.

[51] 徐志英，沈珠江. 地震液化有效应力二维动力分析方法 [J]. 华东水利学院学报，1981a，9（3）：1-14.

[52] 徐志英，沈珠江. 土坝地震孔隙水压力产生、扩散和消散的有限单元法动力分析 [J]. 华东水利学院学报，1981b，9（3）：1-16.

[53] 徐志英，沈珠江. 尾矿高堆坝地震反应的综合分析与液化计算 [J]. 水利学报，1983（5）：30-39.

[54] 徐志英，周建. 土坝地震孔隙水压力产生、扩散和消散的三维动力分析 [J]. 地震工程与工程振动，1985，5（4）：57-72.

[55] 周建，吴世明，曾国熙. 土石坝三维两向动力分析 [J]. 岩土工程学报，1991，13（5）：64-69.

[56] 周建，董鹏，戚佩江. 灰渣坝抗震稳定性的三维有效应力动力分析 [J]. 水力学报，2000，31（7）：44-48.

[57] 周建，徐志英. 土坝尾矿的三维有效应力的动力反应分析 [J]. 地震工程与工程振动，

1984，4（3）：60-70.

[58] 龚晓南.土工计算机分析 [M].北京：中国建筑工业出版社，2000.

[59] 吴世明，徐攸在.土动力学现状与发展 [J].岩土工程学报，1998，20（3）：125-131.

[60] 吴世明.土动力学 [M].北京：中国建筑工业出版社，2001.

[61] 黄茂松，钱建固，吴世明.土坝动力应变局部化与渐进破坏的自适应有限元分析 [J].岩土工程学报，2001，23（3）：306-310.

[62] 黄建梁，王威中，薛宏交.坡体地震稳定性的动态分析 [J].地震工程与工程振动，1997，17（4）：113-122.

[63] 王家鼎，张倬元.地震诱发高速黄土滑坡的机理研究 [J].岩土工程学报，1999，21（6）：670-674.

[64] 薄景山，徐国栋，景立平.土边坡地震反应及其动力稳定性分析 [J].地震工程与工程振动，2001，21（2）：116-120.

[65] 王家鼎，白铭学，肖树芳.强震作用下低角度黄土斜坡滑移的复合机理研究 [J].岩土工程学报，2001，23（4）：445-449.

[66] Singh S，Murphy B. Evaluation of the stability of sanitary landfills [J]. Geotechnics of waste fills-theory and practice. ASTM STP 1070，ASTM，West Conshohochen，1990，240-258.

[67] Kavazanjian E et al. Hazard analysis of a large regional landfill [J]. Earthq. design and performance of solid waste landfills. Geotechnical Special Publication，ASCE，1995，54：119-141.

[68] Bove J A. Direct shear friction testing for geosynthetics in waste containment [J]. In：Koerner，R. M. eds Geosynthetic testing for waste containment applications，Philadelphia，PA，ASTM，1990，1081：241-256.

[69] O'Rourke T D，Druschel S J，Netravali A N. Shear strength characteristics of sand polymer interfaces [J]. Journal of Geotechnical and Geoenvironmental Engineering，116（3）：451-469.

[70] Byrne R J，Kendall J，Brown S. Cause and mechanism of failure，Kettleman Hills Landfill B-19，Unit 1A [J]. Proc. ASCE Spec. Conf. on Performance and Stability of Stability of Slope and Embankments-Ⅱ，ASCE，1992，2：1188-1255.

[71] Yegian M K，Lahlaf A M. Dynamic interface shear strength properties of geomembranes and geotexiles [J]. Journal of Geotechnical and Geoenvironmental，1992，118（5）：760-779.

[72] Orman M E. Interface shear strength properties of roughened HDPE [J]. Journal of Geotechnical and Geoenvironmental ASCE，1994，120（4）：758-761.

[73] Negussey D，Wijewickreme W K D，Vaid Y P. Geomembrane interface friction [J]. Can Geotech J，1989，26（1）：165-169.

[74] Stark T D，Poeppel A R. Landfill linear interface strengths from torsional-ring-shear test [J]. Journal of Geotechnical and Geoenvironmental ASCE，1994，120（3）：597-615.

[75] Sharma H D，Dukes M T，Olsen D M. Field measurements of dynamic moduli and

Poisson's ratios of refuse and underlying soils at a landfill site [J]. Geotechnics of waste fills-theory and practice，ASTM STP，ASTM，West Conshohocken，1990，1070：259-284.

[76] Kavazanjian E. SASW testing at solid waste landfill facilities [J]. In：Proc NSF Workshop on seismic Des of Solid Waste Landfills，Univ of Southern Calif，1993，Los Angeles，Calif.

[77] Bray J，Repetto P C. Seismic design considerations for lined solid waste landfills [J]. Geotextiles and geomembranes，1994，13：497-518.

[78] Bray J D et al. Seismic stability procedures for solid waste landfills [J]. Journal of Geotechnical and Geoenvironmental，1995，121 (2)：139-151.

[79] Bray J D et al. Closure to seismic stability procedures for Solid Waste Landfills [J]. Journal of Geotechnical and Geoenvironmental ASCE，1996，122 (11)：952-953.

[80] Bray J D，Rathje E M. Earthquake induced displacements of solid waste landfills [J]. Journal of Geotechnical and Geoenvironmental ASCE，1998，124 (3)：242-253.

[81] Anderson D G，Hushmand B，Martin G R. Seismic response of landfill slopes [J]，In：Seed，R. B. and Boulanger，R. W. eds. Proceedings of a speciality conference of ASCE，Stability and Perf. of Slopes and Embankments Ⅱ：Berkeley，California，ASCE，1992，973-989.

[82] Repetto P C，Bray R J and Augello A J. Applicability of Wave Propagation Methods to the Seismic Analysis of Landfills [R]. In：Proceedings Waste Tech 93，National Solid Wastes Management Association，Marina Del Rey，California，1993.

[83] Del Nero D E，Corcorn B W，Bhatia S K. Seismic analysis of solid waste landfills [J]. Earthquake resistant design and performance of solid waste landfills，ASCE，1995，54.

[84] Idriss I M，Fiegel G，Hudson M B，Mundy P K and Herzig R. Seismic response of the operating Industres Landfill [J]. In：Yegian M. K. and Finn W D L eds. Earthquake resistant design and performance of solid waste landfills，ASCE 1995，54：83-118.

[85] Ling H I，Leshchinsky D. Seismic stability and permanent displacement of landfill cover system [J]. Journal of Geotechnical and Geoenvironmental Engineering，1997，123 (2)：113-122.

[86] 王思敬. 岩石边坡动态稳定性的初步探讨 [J]. 地质科学，1977 (4)：372-376.

[87] 王思敬，张菊明. 边坡岩体滑动稳定性的动力学分析 [J]. 地质科学，1982 (2)：162-170.

[88] 王思敬，薛守义. 岩体边坡楔形体动力学分析 [J]. 地质科学，1992 (2)：177-182.

[89] 张菊明，王思敬. 层状边坡岩体滑动稳定的三维动力学分析 [J]. 工程地质学报，1994，2 (3)：1-12.

[90] Wang S J，Xue S Y，Maugeri M，Motta E. Dynamic stability of the left abutment in the Xiaolangdi Project On the Yellow River [J]. In：Pasamehmetogcu A G，Kawamoto T，Whittaker B N and Aydan. o eds. Proc Int Symp on Asessment and Prevention of Failure Phenomena in Rock Engrg，Istanbul（Turkey），A. A. Balkema，Rotterdam，1993，

619-625.

[91] 王存玉，王思敬.边坡模型振动试验研究［M］.岩土工程地质学问题（七）.北京：科学出版社，1987，65-74.

[92] 王存玉.地震条件下二滩水库岸坡稳定性研究［M］.岩土工程地质学问题（八）.北京：科学出版社，1987，127-142.

[93] Crawford A W，Curran J H. The influence of Shear velocity on the Frictional Resistance of Rock Discontinuities［J］. International Journal of Rock Mechanics and Mining Sciences & Geomechanics Abstracts，1981，(18)：505-515.

[94] 何蕴龙，陆述远.岩石边坡地震作用近似计算方法［J］.岩土工程学报，1998，20（2）：66-68.

[95] 钱胜国，陆秋蓉.三峡溢流坝段动力特性及动力反应分析［J］.长江科学院，1991，8（2）：22-28.

[96] 祈生文，伍法权，孙进忠.边坡动力响应规律研究［J］.中国科学（E），2003，33（增刊）：28-40.

[97] 祈生文.单面边坡的两种动力反应形式及临界高度［J］.地球物理学报，2006，49（2）：518-523.

[98] Clough R W，Chopra A K. Earthquake stress analysis in earth dams［J］. J Engrg Mech，ASCE 1966，92（2）：197-211.

[99] Chopra A K. Earthquake response of earth dams［J］. J Soil Mech and Found Div ASCE，1967，93（2）：66-82.

[100] Ishizaki and Hatekeyama. Consideration on the dynamical behavior of earth dams［J］，Bullefins-Disaster Prevention Research Institute，1963，52.

[101] Medvedev S and Sinitsym A. Seismic effects on earth fill dams［J］. In：Van Roekel J. H. eds. Proc. 3rd world Conf. Earthq. Engrg.，R. E. Owen government printer，Wellington，New Zealand，1965，Paper Ⅲ，373-390.

[102] Zienkiewicz O C et al. Earth dam analysis earthquakes：Numerical solution and constitutive relations for non-linear（damage analysis）［J］. In：Proc. Int. Conf. On Dams and Earthquake，London，1981，179-194.

[103] Zienkiewicz O C et al. Liquefaction and permanent deformation under dynamic conditions-numerical solution and constitutive relations［J］. In：Pande G N，Zienkiewicz O C，eds. Soil Mechanics-Transient and Cyclic Loading. UK：John Wiley and Son. 1982，71-103.

[104] Zienkiewicz O C，Shiomi T. Dynamic behavior of saturated porous media：the generalized Biot formulation and its numerical solution［J］. International Journal for Numerical & Analytical Methods in Geomechanics，1984. 8：71-96.

[105] Prevost J H. Wave Propagation in fluid-saturated porous media：an efficient finite element procedure［J］. Soil Dynamics and Earthquake Engineering，1985. 4（4）：183-202.

[106] Lacy S J，Prevost J H. Nonlinear seismic response analysis of earth dams［J］. Soil Dy-

namics and Earthquake Engineering，1987. 6（1）：48-63.

[107] Cundall P A. A computer model for simulating progressive large scale movements in blocky rock systems. In：Proceedings of the International Symposium on Rock Mech. ISRM，Nancy，1971，Ⅱ-8，129-136.

[108] 王泳嘉. 离散单元法——一种适用于节理岩石力学分析的数值方法 [J]. 第一届全国岩石力学数值计算及模型试验讨论会论文集. 成都：西南交通大学出版社，1986.

[109] ［美］石根华. 数值流形方法与非连续变形分析 [M]，裴觉民译. 北京：清华大学出版社，1993.

[110] 裴觉民，石根华. 岩石滑坡体的动态稳定和非连续变形分析 [J]. 水力学报，1993，24（3）：28-34.

[111] 金峰，贾光伟，王光纶. 离散元-边界元动力耦合模型 [J]. 水力学报，2001，32（1）：23-27.

[112] HANNAS，JURAN I，LEVY O et al. Recent developments in soil nailing-design and practice [J]. Journal of Engineering and Applied Science，1998. 81（5）：259-284.

[113] Sandri，D. Retaining walls stand up to the Northridge earthquake，Geotechnical Fabrics Report，IFAI，St. Paul，MN，USA，1994，12（4）：30-31.

[114] COTTON P E，DAVID M，LUARK P F et al. Seismic response and extended life analys is of the deepest topdown soil nail wall in the U. S [J]. Geotechnical Special Publication，2004，124（3）：723-740.

[115] VUCETIC M，TUFENKJIAN M R，DOROUDIAN M. Dynamic centrifuge testing of soilnailed excavations [J]. Geotechnical Testing Journal，1993，16（2）：172-187.

[116] 陈建仁. 土钉加筋边坡之耐震研究 [D]. 台湾：台湾大学土木工程学研究所，2001.

[117] 赖荣毅. 土钉模型边坡动态反应仿真 [D]. 台湾：台湾大学土木工程学研究所，2003.

[118] 马天忠，朱彦鹏. 地震作用下复合土钉支护边坡动力响应分析 [J]. 兰州理工大学学报，2010，36（5）：108-112.

[119] 张森，言志信等. 复合土钉墙支护结构的静力和动力响应分析 [J]. 路基工程，2011，1：45-47.

[120] 董建华. 地震作用下土钉支护边坡动力分析与抗震设计方法研究 [D] ：[D]. 兰州：兰州理工大学，2008.

[121] 董建华，朱彦鹏. 土钉土体系统动力模型的建立及地震响应分析 [J]. 力学学报，2009，41（2）：236-242.

[122] 朱彦鹏，董建华. 土钉支护边坡动力模型的建立及地震响应分析 [J]. 岩土力学，2010，31（4）：1013-1022.

[123] 董建华，朱彦鹏. 地震作用下土钉支护边坡稳定性分析 [J]. 中国公路学报，2008，21（6）：20-25.

[124] 董建华，朱彦鹏. 地震作用下土钉支护边坡稳定性计算方法 [J]. 振动与冲击，2009，28（3）：122-127.

[125] 董建华，朱彦鹏. 地震作用下土钉支护边坡永久位移计算方法研究 [J]. 工程力学，2011，28（10）：101-110.

[126] 董建华，朱彦鹏.地震作用下土钉支护高速公路边坡动力参数分析 [J].西安建筑科技大学学报（自然科学版），2007，39（5）：661-666.

[127] 朱彦鹏，谢强等.基于 ADINA 的深基坑土钉支护在正常及地震作用下的弹塑性三维有限元分析 [J].四川建筑科学研究，2008，34（1）：88-93.

[128] 杨文峰，张明聚等.基于 FLAC 3D 的土钉支护结构地震稳定性分析 [J].三峡大学学报（自然科学版），2009，31（5）：46-48.

[129] 王辉，冉红玉等.基于离散元法的柔性挡土坝稳定分析 [J].中国农村水利水电，2010，9：44-47.

[130] 李凯玲.锚杆（索）抗滑桩与岩土体相互作用研究 [D].西安：长安大学，2004.

[131] 周勇.框架预应力锚杆柔性支护结构的理论分析与试验研究 [D].兰州：兰州理工大学，2007.

[132] 刘东升，雷用，王平.锚杆抗拔力的可靠性分析与设计 [J].地下空间，2001，21（4）：323-327.

[133] 赵明华，张天翔，邹新军.支挡结构中锚杆抗拔承载力分析 [J].中南公路工程，2003，28（4）：4-7.

[134] Marcuson. W F. 111. Moderator's Report for Sessionon Earth Dams and Stability of Slopes Under Dynamic Loads [J]. In International Conference on Recent Advances in Geotechnical Earthquake Engineering and soil Dynamics. St. Louis Missouri.

[135] Seed. H B，Soil Liquefaction and Cyclic Mobility Evaluation for Level Ground during Earthquake [J]. Journal of Geotechnical engineering Division，ASCE，1979. 105（2）：201-255.

[136] Kagawa T. Lateral Pile-Group Response Under Seismic Loading [J]. Soils and Foundations，1983，23（4）：75-86.

[137] Seed H B and Idriss I M. Soil moduli and damping factor for dynamic response analysis [R]，Earthquake Research Engineering Center，University of California，Berkeley，1970.

[138] M. 帕兹.结构动力学理论与计算 [M].北京：地震出版社，1993.

[139] Collin J G，Chouery-Curtis V E and Berg R R. Field observations of reinforced soil structures under seismic loading [J]. Earth Reinforcement Practice，Ochiai，Hayashi & Otani（eds），1992：223-228.

[140] 朱彦鹏，罗晓辉，周勇.支挡结构设计 [M].北京：高等教育出版社，2008.

[141] 朱彦鹏，王秀丽，周勇.支挡结构设计计算手册 [M].北京：中国建筑工业出版社，2008.

[142] 郑善义.框架预应力锚杆支护结构的设计与分析研究 [D].兰州：兰州理工大学，2007.

[143] 陈肇元，崔京浩.土钉支护在基坑工程中的应用（第 2 版）[M].北京：中国建筑工业出版社，2000.

[144] 周勇，朱彦鹏.黄土地区框架预应力锚杆支护结构设计参数的灵敏度分析 [J].岩石力学与工程学报，2006，25（增1）：3115-3122.

[145] 朱彦鹏, 郑善义, 张鸿等. 黄土边坡框架预应力锚杆支挡结构的设计研究 [J]. 岩土工程学报, 2006, 28 (增): 1582-1585.

[146] 顾慰慈. 挡土墙土压力计算手册 [M]. 北京: 中国建材工业出版社, 2005.

[147] 董曾南, 章梓雄. 非粘性流体力学 [M]. 北京: 清华大学出版社, 2003.

[148] 董建华, 朱彦鹏. 地震作用下土钉支护边坡动力分析 [J]. 重庆建筑大学学报, 2008, 30 (6): 90-95.

[149] 李忠, 朱彦鹏. 框架预应力锚杆边坡支护结构稳定性计算方法及其应用 [J]. 岩石力学与工程学报, 2005, 24 (21): 3922-3926.

[150] 杜修力. 工程波动理论及方法 [M]. 北京: 科学出版社, 2009.

[151] 蒋溥, 戴丽思. 工程地震学概论 [M]. 北京: 地震出版社, 1993.

[152] 李海光等. 新型支挡结构设计与工程实例 [M]. 北京: 人民交通出版社, 2004.

[153] Yanpeng Zhu and Yong Zhou. Analysis and design of frame supporting structure with pre-stressed anchor bars on loess slope [J]. ACMSM2004 (Perth, Australia), 2004, 1089-1094.

[154] Yong Zhou and Yan-Peng Zhu. Optimum design of grillage supporting structure with pre-stressed anchor bars on loess slope [J]. Proceedings of the Ninth International Symposium on Structural Engineering for Young Experts, Fuzhou & Xiamen, China, 2006, 2: 1567-1573.

[155] 杨桂通. 土动力学 [M], 北京: 中国建材工业出版社, 2000.

[156] 谢定义. 土动力学 [M], 西安: 西安交通大学出版社, 1998.

[157] 祁生文. 边坡动力响应分析及应用研究 [D]. 北京: 中国科学院地质与地球物理研究所, 2002.

[158] 祁生文, 伍法权, 等. 岩质边坡动力反应分析 [M]. 北京: 科学出版社, 2007.

[159] 陈国兴. 岩土地震工程学 [M]. 北京: 科学出版社, 2007.

[160] 刘汉龙, 费康, 高玉峰. 边坡地震稳定性时程分析方法 [J]. 岩土力学, 2003, 24 (4): 553-556.

[161] 钱家欢, 卢盛松, 郭志平. 土坝动力分析 (有限元法) 的几点改进 [J]. 华东水利学院学报, 1982, 01: 14-27.

[162] Seed H B and Martin G R. The Seismic coefficient in earthdam design [J]. Journal of Soil Mechanics and Foundation Division, 1966, 92 (SM3): 25-58.

[163] ADINA 在交通土建工程中的应用 [M]. 亚得科技有限公司, 2004.

[164] 李广信. 高等土力学 [M]. 北京: 清华大学出版社, 2004.

[165] 钱家欢, 殷宗泽. 土工原理与计算 [M]. 北京: 中国水利水电出版社, 1996.

[166] Roscoe K H and Bur land J B On the Generalized Stress-Strain Behavior of Wet Clay [J], Engineering Plastisity, 1998, 5 (1): 23-45.

[167] His J P, Small C. Simulation of excavation in an elastic-plastic material and analysis method [J]. Geomech, 1992, 16 (1): 123-134.

[168] 徐长节, 李庆金. 支护参数对复合支护基坑变形的影响分析 [J]. 岩土力学, 2005, 26 (2): 295-298.

[169] 张学岩，闫澍旺.岩土塑性力学基础［M］.天津：天津大学出版社，2004.

[170] 方同.工程随机振动［M］.北京：国防工业出版社，1995.

[171] 方远翔，陈安宁.振动模态分析技术［M］.北京：国防工业出版社，1993.

[172] 凌道盛，徐兴.非线性有限元及程序［M］.杭州：浙江大学出版社，2005.

[173] 戴德沛.阻尼技术在工程中的应用［M］.北京：清华大学出版社，1991.

[174] 张玉敏，盛谦，张勇惠等.高山峡谷地区大型地下洞室群非平稳人工地震动拟合［J］.岩土力学，2009，30（增刊）：41-46.

[175] 蒋溥，梁小华，雷军.工程地震动时程合成与模拟［M］.北京：地震出版社，1991.

[176] 陶明星.土-地下结构动力相互作用有限元分析［D］.西安：西北工业大学，2004.